界缘递归

——标准质量学探源

李俊昇 著

知识产权出版社
全国百佳图书出版单位

图书在版编目(CIP)数据

界缘递归:标准质量学探源/李俊昇著.
—北京:知识产权出版社,2015.8
ISBN 978-7-5130-3624-5

Ⅰ.①界… Ⅱ.①李… Ⅲ.①科学技术—研究
Ⅳ.①G301

中国版本图书馆 CIP 数据核字(2015)第 159848 号

责任编辑:李燕芬	责任出版:刘译文
特约编辑:苑丽华	装帧设计:薛 磊

界缘递归——标准质量学探源

李俊昇 著

出版发行:**知识产权出版社**有限责任公司	网 址:http://www.ipph.cn
社 址:北京市海淀区马甸南村 1 号(邮编:100088)	天猫旗舰店:http://zscqcbs.tmall.com
责编电话:010 - 82000860 转 8173	责 编 邮 箱:nancylee688@163.com
发行电话:010 - 82000860 转 8101/8102	发 行 传 真:010 - 82005070/82000893
印 刷:北京中献拓方科技发展有限公司	经 销:各大网上书店、新华书店及相关专业书店
开 本:787×1092mm 1/16	印 张:10.75
版 次:2015 年 8 月第 1 版	印 次:2015 年 8 月第 1 次印刷
字 数:160 千字	定 价:48.00 元

ISBN 978-7-5130-3624-5

自　序

本书只是笔者相关领域研究的一部分成果，主要目的是为了说明工程学与标准质量学的传承，其他研究的心得亦将渐次成文发表。

从参加工作到现在已经有三十年的时间，笔者一直在从事与工程、标准化和质量有关的工作。多年以来，笔者一直在努力思考工程、标准化和质量究竟是什么？是怎么产生的？又将怎样发展？如果不把这三个问题搞清楚，我们就将永远在原地徘徊而找不到出路。

本书的主旨，并不是为了给读者提供可以实际操作的方法，也无意于与人争短论长，而只是多年在黑暗中摸索，此刻看到了一丝光亮，因此拿出来与同道者一同分享。

今天，如果再有人问笔者标准化和质量是什么，笔者将这样回答：**标准质量是人类学业的"衣钵"，是关于文化的文化，关于道德的道德，关于觉悟的觉悟和关于信仰的信仰。**

由于本人的知识层次和能力的限制，错误是避免不了的，更或有不经意间冒犯他人之处，在此先表歉意。

本书是拙著《自主论》的具体应用，通过界、缘、核三种基本策略构成来探讨标准质量学的本质，并提出标准质量学的基本原理模型。

作　者

2015 年 6 月 18 日

目　　录

0 概　　述

0.1　"象标准"和"是标准"

从事标准和质量相关专业研究三十年来,笔者感觉自己一直在黑暗中摸索,没有找到自己的本根和正确的位置,因而难以建立正确的外部关系。一个不能认识自己的人,仿佛漂泊于大海中的孤舟,找不到方向,看不到希望。

但是,当有一天一个线索出现在笔者的面前,顺藤摸瓜去清理时,却发现它就在我们身边,我们每天都同它打交道,却一直忽略它。

标准质量的源头其实是自然界中的界、缘、核这三个最简单、最基本的事物。

笔者在同一些同行探讨关于标准化工作的问题时,提出了一个"像标准"和"是标准"的问题。

在多数人的心目中,标准就是一种格式化文件,笔者把这样理解的标准称为"像标准",因为其并不具备标准的本质。只有能够发挥标准本应发挥的效用,才算"是标准"。

那么什么是标准的本质?什么又是标准化的本质呢?

国家标准 GB/T2000.1—2002《标准化工作指南　第 1 部分:标准化和相关活动的通用词汇》等同转化 ISO/IEC 第 2 号指南,对"标准"和"标准化"分别做了如下定义:

标准:**"为了在一定范围内获得最佳秩序,经协商一致制定并由公认机构批准,共同使用和重复使用的一种规范性文件。"**

标准化:**"为在一定范围内获得最佳秩序,对现实问题或潜在问题制定共同使用和重复使用的条款的活动。"**

定义是陈述本质的,就是在讲"是什么"的问题。事实上,任何人都不可能用语言把本质交给别人,因为本质只有一个,是不能转移的,只能由每个人自己走近前去感悟。而且本质始终被诸多现象包围着，是看不见摸不着的。定义只是一定时期内最接近本质的那些现象，是给希望了解本质的人提供的一个路标，这个路标越接近本质，现象的独特性就越强，越不容易同其他事物混淆。

从事标准质量相关工作已经有 30 年了，出于自己的观察与实践，对于上述标准和标准化定义持否定态度。笔者认为这两个定义离本质很远，难以引导人们走向真正的本质。

首先，定义中标准和标准化的目的是"最佳秩序"，这是这两个定义的主干，那么，秩序是什么呢？恐怕没有人能够说得清楚。迄今为止，对于"秩序"是什么一直争议不断，对秩序的作用在观点上更是完全对立的，用这样一个并不存在一致认同的事物去定义另一个事物显然难以起到正确的引导作用，最后变成了公说公有理，婆说婆有理。

其次，上述定义严格地说是对文件种类的定义，但更多地体现的是对一种实物的主观分类，并不是标准质量的自然本质，自然本质是不依赖于具体的物质形态而存在的，更不用说是主观分类。一个因人的主观目的而存在的物质形态没有必然性，是不能长久的。

那么，质量和标准是否具有不以人的主观意识为转移的自然本质，是否具有存在的必然性呢？

有！

本书的目的是希望指出标准和质量原本所具有的自然本质，并论证标准质量作为一个学科存在的必然性。

那么，在笔者心目中的标准是什么呢？

笔者认为标准和质量是紧密相连、不可分割的一个整体，他们之间存在循环递归的自然互影响关系。要谈标准，就不能不谈质量；要谈质量，也不能不谈标准。但相较之下，质量本身是有事实的和可以信赖的，因此以质量为出发点更容易理解标准的本质。

那么，我们又该如何理解质量呢？

尽管关于质量和标准的本质有很多种理解，本书的理解是：

"质量是对象的固有价值。"

这就是说，质量是对象本有的，是事实而不是人的思维创造物，不依赖于我们的意识而存在，也不以我们的意识为转移。我们可以以某种方式使其在未来发生改变，但这种改变是建立在对象本有的效应特性基础上的,而不是建立在我们的主观愿望之上的。如果希望让一个电子向北运动,只能在其北边放置一个正电极,或者在南边放一个负电极,或者营造一个运动的磁场,否则就不会获得期待的结果。

那么,什么是价值呢？价值可以理解为(但不是)功能,是可以定性和定量表达的**对他事物的潜在影响**。一个事物的价值不能以其自身的能量输出作为判断的根据,而需要以其可触发的其他能量输出,以及这种触发效应的可替代性(率)为根据,触发能量输出的倍率越高,可替代性越差,价值就越高。

实际上,一个事物的能量输出可以触发他系统释放比这个输出更大规模的能量。比如,一颗子弹的击发药和传爆药本身的能量输出并不大,但它们可以引燃发射药使其释放更大的能量,因此击发药和传爆药的价值不能以其自身的能量输出来评价,而应以发射药的能量输出来评价。

所以,笔者所说的价值,是对象的总能量输出作用于其他不同事物时可能触发的能量释放极限。一个对象的能量输出是有限的,但可能触发的能量释放是无限的,因此任何对象的固有价值都是无穷大的。

也许有人会反对这个表述,他们会说只有触发有用的能量释放才是价值,对此笔者并不认同。这个世界不存在"客观是非",有用与无用要看你站在什么样的位置去观察。一个能量释放对一些系统是有用的,但对其对立立场上的系统来说可能是灾难性的,灾难性本身也是价值,是"破坏性的价值"。因此,笔者认为不能用"有用"与"无用"这样的概念去理解价值。

按照固有价值的方式来理解的质量是无限的,但我们实际能够认知的价值却始终是有限的。笔者把这种有无限价值的质量称为**本质质量**,是隐性的,是永远都不可能被完全了解的,但也正因为如此,无论我们对一个事物的质量了解得如何多,都仍然有足够大的空间让我们了解更多。我们把本质质量中已经被识别的那些部分称为**显性质量**,而把不断从本质质量中发现显性质量的活动称为**质量显性化**。

在建立了这样的质量认知之后,再来讨论标准和标准化是什么就容易了。可以用一个简单的公式来理解标准:

标准 $= \cup\left[(\text{显性质量} \sqsubset \text{本质质量})(1 + \text{Evolutions\_Step})\right]$　（1）

公式(1)表明显性质量不是事实质量,而是本质质量的映象或现象,式中的(1 + Evolutions_Step)项,代表标准本身也不是显性质量,而是增加了演化里程碑"Evolution_Step"的显性质量。这里的演化里程碑"Evolution_Step"既可以是正值,也可以是负值,还可以是 0,要看你如何定义演化方向。

本书不赞同**"高标准导致高质量"**的观点:首先,"高"这个概念有相对性,与主观约定有关,什么方向算是高? 高又是同谁相比较而言的呢? 其次,即使有广泛认同的方向,高标准也不一定导致高质量,一旦标准高得超过了实际能力,所导致的结果是灾难,就像让一个 3 岁的孩子参加重量级拳王争霸赛,结果不是获得拳王,而是把命搭上;最后,高质量需要高投入,一旦这种投入超出了其使用价值,也同样会带来灾难性的后果。造一把金算盘能有多大的市场呢? 经济学上的**劣币驱逐良币律**就是这样的悖论。所以,本书不使用进化、退化、优化、劣化、先进、落后这样的词汇去描述一个运动或改变,而采用中性的"演化"去陈述改变,笔者认为标准质量是**"当进则进,当退则退"**,一切以自然系统固有的演化方向与均衡为准。

我们把对象本有的,事实存在的最佳演化均衡的映象称为本质标准。它虽然是象,却也是隐性的象,对应本质质量:

$$本质标准 ⊏ 本质质量(1 + \overline{\overline{Evolution\_Step}}) \qquad (2)$$

$\underline{\underline{Evolution\_Step}}$表示本质质量的自然演化衡,它是客观存在,但不可能事先证明。

当公式(1)不断向公式(2)趋近时,标准可以给显性质量提供正确的演化方向与里程碑,起到引导质量提升的作用,这样的标准才"是标准"。如果标准不具备这样的引导能力,无论其形式质量有多高,都只能说其"像标准"。

那么,标准与质量又是如何相互影响的呢? 我们将在第 2 章中给出符号学模型,这里只是用形象的比喻来做一简单解读。质量与标准的关系好像爬楼梯,每一步都要以前一步为基础,这是质量对标准的影响;但下一步是向上走、向下走还是休息,是由标准决定的,这是标准对质量的影响。每走一步,质量与标准的相对关系都会改变,都需要以新的始点重新评估位置、方向、步长等内容,这就是质量与标准之间的递归。只要我们建立起正确的递归关系,并且让其实际运转起来,最初是由质量出发还是由标准出发其实并没有关系,但从质量出发无疑更为可信。

建立在这样的理解之上,**有约即是标准**,而约的形式并不是关键。因此,法律、法规、规章、制度、合同、技术标准、口头约定,甚至默契与自我暗示,无论哪一种形式,只要确实能够起到正确引导质量演化的作用,都是标准;无论哪一种形式,只要不能正确引导质量演化,至多只是"像标准"而不是"是标准"。可能有人会问,默契与自我暗示是隐性的,怎么也作为标准呢?默契与自我暗示对外部系统来说是隐性的,但对于有默契的两个人和有自我暗示的个人来说都是显性的,而且这种有限范围内显性的标准比对所有人都显性的标准更容易发挥效力。

质量与标准的关系就像一条向自然演化均衡递归的螺旋线或阻尼振荡,其中的质量为事实运动,标准则是回复力,他们的共同目标都是自然演化均衡,但这个自然的演化均衡并不是固定不动的,而是随着整个自然的演化不断改变的。

如图1。标准与质量都在向本质标准运动,就像人的运动:质量是身体,标准是眼睛。眼睛可以在眼窝中转动,也可以比身体运动得更快,但不可能脱离身体而独立生存,视轴与身体纵轴线的偏离,是改变身体姿态的诱因。

图中的 α 代表当前标准与本质标准之间的偏离,β 代表显性质量,是当前本质质量与当前标准之间的偏离,而 θ 代表显性质量与本质质量之间的偏离。

虽然一切工程的目的都是显性质量与本质质量之和,也就是 $\theta = 0$,但质量系统本身缺乏对本质质量的感受力,需要借助标准系统提供演化方向,这就是质量显性化的过程。但质量本身的运动需要巨大的能量支持,而标准本身不具有这样的能量,因此,标准质量循环需要借助策略机制来实现目的。

图1(a)—(c)显示的是一个标准质量循环,这个过程包括:

1)图1(a)是初始状态,此时,标准与本质质量同本质标准之间的偏离是相当的,即 $\alpha = \theta$,而 $\beta = 0$,因此质量没有显性化。

2)图1(b)是初始标准状态,此时,标准系统已经感到偏离,而将自己的参照系(视轴)转向本质标准,此时 $\alpha = 0$ 而 $\beta = \theta$,这就是质量显性化的过程,在这个过程中,标准系统将视轴与体轴(本质质量)的偏离传递给质量系统,质量系统实际上是根据这个偏离来决定自身的演化,因此必有一个滞后。

3) 图1(c)是首轮递归完成状态。此时,本质质量本身的演化运动已经使其向本质标准靠近,但同时也带动了标准的运动,使视轴偏离本质标准。此时,标准系统将修正自己的视轴到图1(d)的状态,新一轮递归开始。

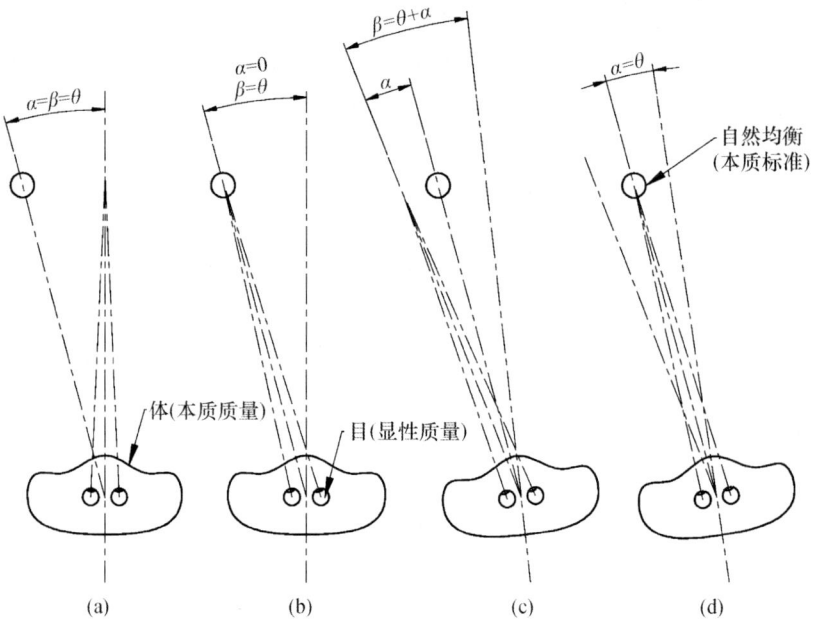

图1　人的有目的运动

始终有人希望了解标准化是什么,应该说,标准化活动与质量活动是难分彼此的,本书将这个完整的循环机制称为**标准质量递归或标准质量循环**。在观察特质上,宏观观察看到的主要是质量表现,而微观观察看到的主要是标准的影响。也就是说,同一个递归循环的宏观表达是质量活动,而微观表达是标准化活动。所以,标准化与质量活动是同一个本质的两种现象而不是存在两种本质。

一个本质可以有多种定义方式,但无论如何定义,本质都不会因定义而改变。本书的基本定位是以界论、缘论与核论陈述的标准质量学本体论与原策略论,主要是为了说明标准质量学科在所有学科中的位置与内部演化机制,而不是提供方法,但本书给出的标准质量学原策略模型,可以为形成方法学指出努力的方向。

本书的上游理论基础是笔者同时发表的《自主论》,本书中的绝大多数概念、定义、原理、规律、符号体系等,都已在《自主论》中做了阐述,本书所使用的符号体系也不是数学符号,而是在《自主论》中建立的泛集理论,是一个建立在极限思维上的观察符号体系。因此,没有读过《自主论》,或者对《自主论》没有确实理解时,阅读本书可能会有些困难。

本书提出或借用如下基本观点:

1)工程学不是科学,标准质量学不是科学,技术学也不是科学。

2)工程学是哲学门类,该门类所容诸学(包括标准质量学),与数学和物理学一样,均是对相同对象的不同观察,均属哲学层级(一般论),均是对自然独立的观察角度。

3)工程学门、技术学门与科学门共同构成一个自然学术系统,工程学向真向生,技术学向存向续,科学向伪向灭,工程学门和技术学门以求真之行证伪,科学门以求伪之行证真,形成对大自然完整认知体系的三个体系,共同支撑人类的整个学术体系。

4)标准化学与质量学是一个整体,是自然界最本源的界缘递归原理在人脑中的反映,因此应合而为一,以标准质量学的形式体现。

5)标准质量学与认知学、行为学和教育学一起,构成人类学业的基础,标准质量学是人类学业的衣钵。

6)实务工程学与标准质量学是针对同一对象的正交学术系统,是工程学门的亚门,都以自然系统最本源的"信任(缘)策略"为对象,都是策略论和方法论。实务工程学的价值(功能)是提供资源整合策略(时断面策略),标准质量学的价值(功能)是提供信任递归策略(时维策略)。

7)利用泛集和界缘递归的泛符号学模型建立起标准质量递归的原觉模型与原悟模型。

0.2　本书导读

本书以逆逻辑排序,第 1 章至第 3 章是核心内容,直接陈述观点与结论,面向标准质量学的应用;第 4 章和第 5 章均是扩展内容,主要面向标准质量学的专业研究。这种逆逻辑排序可能不符合专家们的阅读习惯,但对于多数以应用为目的的人或入门级读者来说可能更为方便。

本书的目的不是形成标准质量学的方法,而是发现当前对标准质量认知的误区,提出对标准质量的另一种见解,以便将标准质量的认知再向本质推进一步。形成方法体系并非一朝一夕之功,也不是一个人一本书可以实现的,笔者本人更是没有这样的能力。所以,笔者只能做一点力所能及之事。

形成一个完整学科,一般至少包括“原、本、性、质、策、法、准、资”八要。[1] 其中原、本、性、质为根基与师承,策、法、准、资则是学科的实体。

1) 第 1 章主要解决标准质量学的“原、本、性、质”问题;

2) 第 2 章主要解决标准质量学的原策略问题,是由本书所建立的标准质量概念向方法体系扩展的门径;

3) 第 3 章是根据第 2 章的模型提出的一些标准质量基本原理,以及指出当前标准质量原理中的一些误区;

4) 第 4 章主要论述本书与相关或相近理论之间的异同或关系;

5) 第 5 章是学科溯源,主要目的是为第 1 章的观点提供论据。

---

[1] 见 5.1.5 节。

1　标准质量学本论

1.1　本章内容

本章主要是标准质量学的本体论,体现笔者对标准质量学的基本看法:

1)原:

标准化与质量均是对自然原理与自然规律的发现,而不是人类的发明,直接继承于大自然,没有上游学科,属哲学层中的信仰层;

2)本:

a)标准质量学属工程学门,是工程学之一"观";

b)标准质量学与实务工程学是正交学术;

3)性:

标准质量学是对大自然界缘递归原理的认知与自觉运用;

4)质:

标准与质量为一体,标准质量学本质上是工程策略学。

1.2　继　承　论

继承论探讨学科"原(源流)"的问题。

首先,标准质量学没有上游学科。

很多人,甚至也包括一些标准化和质量的从业人员,都认为标准化与质量是人类的发明,笔者认为这是一个天大的误会。

标准化这个术语虽因大工业生产而生,但其原理并非源于某项科学发现,而是源于工程人员在实践中自己的发现。

发明是人的主观创造,是既有发现的组合,属于技术学门;而发现是自然原理和规律被人首次认知与应用,属于工程学门;对既有发现的精化与证实,属于科学门。一切发明基于既有发现,是由诸发现的主观对位而形成,因此发现是发明之源;而发现之源是自然。所以,发明一定能找到上游学科,但发现是找不到上游学科的,因为发现师承于自然。

标准化和质量都是发现而不是发明,向上再没有其他发现基础,因此标准化和质量都是自然原理与自然规律的直接继承体。

标准化与质量不是人类的主观创造物,大自然自身即存在这样的原理与规律。

自然的标准化与质量是由自然的界原理与缘原理支撑的,其显性表达是界规律与缘规律,这种规律是循环递归形成,指向离散化、单元化、自相似(分形)化的方向,这种递归在物质实体(质量)与缘标(标准)之间反复迭代,最终使两者不断趋近而维系物质系统的生存、延续和新陈代谢。

迄今为止,人类只发现了一百余种化学元素,这一百余种元素都由三种基本核子(中子、质子和电子)构成,电量是电荷的整数倍;植物的叶序、花序呈现自相似(分形)规律;大行星的轨道分布也呈现自相似规律;星系多数呈球状与旋涡状两种形态,同形星系的规模大致接近;蜂巢呈现正六边形分布。如此等等,不一而足,这些都可成为触发人类对自然标准化规律的发现。

同类自然物质的规模与形态大致接近,在中国的河流中取得的水纯化后与从美国河流中取得的水纯化后密度没有明显的差异;同一条河流中的沙粒大小相近;同树种的高度大致相等。这些也都可触发人类对自然质量规律的发现。

笔者依据拙著《自主论》提出的原理认为,标准化与质量是自然系统发展的必然,实际上代表了所有物质系统由初生到成熟的必然过程,而界缘递归是推动这一过程的根本机制或机理。由于物质系统由初生到成熟是一个逐步显性化的过程,因此自然标准化与质量也必然能够为人类所发现而走向自觉应用。

人类非自觉地利用自然标准化原理和质量原理由来已久。伦理与分类思想(界缘原理的直接表达)、数意识(传承规模、一致性、集势、比较)、进制(简单伦理)、语音与字符(象元)、声律(象元)、法律(社会行为标准)、图腾(标准缘媒)、法器(标准缘媒、质量工具)、兵符

(标准缘媒)、碑牌旗帜(标准缘媒)、乐器(标准缘媒)、书籍(标准缘媒)、度量衡与货币(标准物质)等至少已经存在了几千年。

而更原始的人类标准化与质量形态至少可以前推至旧石器时代,现今所发现的旧石器都呈现出明显的分类性(砍砸器、刮削器、尖状器)与一致性(同类石器的大小与形状极为相近)。

即使是非智慧动物,只要是群居的,其行为都会受到自然标准质量规律的影响:蚂蚁、蜂群都有着明确的社会分工和行为上的一致性;狮群和狼群捕猎时都会各司其职。

可见,标准化与质量的原理和规律从非自觉运用时起就是一体的,但进入自觉运用阶段却被主观地分开了。本理论认为应恢复它们本有的一体性。

科学是分科的学术,分科是分类的一种方式,是对界的觉悟,没有分类的学术思想就不可能有科学的分科活动。分类学本身是标准质量学的一个重要组成部分。

现代科学的两大传承体系——数学和物理学都离不开标准质量学这个基础。

数学从严格意义上说是符号演绎学,符号学是用抽象的符号代替形象的事物,建立符号体系本身即是标准化活动,符号的本质是“伪象”,是界象和缘象的替代物。一切数学符号都是标准化成果,数“1”本身就是最早的数标准,是基准本[1]的一个象。

数学中最早形成的理论体系是“数论”与“图论”,分别以序认知与包容性认知为基础建立。数认知本质上是对同源事物(相似性)传承规模的认知,加减法是最早的数论算法,其前提就是形成加减运算需要相同的量纲(同缘);而进制则是对界的包容性规律或传承的代(伦理)规律的认知。相似性代表分类(同缘),包容性代表层级(伦理),这两者都是标准化原理的典型体现。

目前数学体系中最高层级的理论是“集论”。严格意义上说,现有“集论”是分类结果的数学表达方式,是界缘论的策略学体现,集合本身由集合定义与元素构成,界与缘都在集定义中体现。如“直角三角形”这个集合定义中,“直角三角形”是缘表达,而这个定义中隐含了

---

[1] 见李俊昇:《自主论》,知识产权出版社 2015 年版。

"全集(无域限)"这个界表达;再如"建筑用电动工具"这个集合定义,"电动"与"工具"都是缘表达,其中"建筑用(有域限)"则是界表达。

这表明标准化觉悟是数学形成的前提和"因"。

物理学本质上是效应学,根本的目的是分离效应和建立标准物质体系。物理学中的量纲都是标准物质(标准质量学中的计量学)的体现,也都是标准化成果。

因此,我们没有任何理由把标准化学当成科学的传承。

此外,标准质量学的研究对象不是具体的物质对象,而是自然最本原的属性——界与缘,属于哲学范畴而不在科学层中。

标准质量学的理论始点是自然存在的"原(缘,来源,始初,生灭循环,界缘递归)"和"本(界,即存,分内外,分主客)",其原理产生于对自然本源原理的独立观察和觉悟,属于哲学中最高的信仰层。

在诸学科中,多数都是"学"的结果,是"学"的实例,是"学原理"应用于不同研究对象的结果,因此是被"学"包含的。但有四类学问,即认知学、行为学、教育学和标准质量学,虽然同是"学问",却是研究"学原理"的学问,他们的研究对象是"学"本身,因此是包容"学"的学科。每发现一个新的"学原理",都是人类思维对自然学界的一个超越,但之后还会有新的"学原理"等待我们去超越,也就是说,这四个学科与"学之界"本身是互为因果、无穷嵌套的关系。而其他学科都是"学原理"的应用,不可能超越"学之界"。

在第5.1节《学科原理》中,把哲学分为两个层次:信仰层(或原观察层)和质性层。而认知学、行为学、教育学和标准质量学是研究"学原理"本身的,是超越哲学的学问,他们是关于哲学的哲学,关于思想的思想,关于信仰的信仰。我把这四个研究"学"本身的学科称为**"(学)界学科"**,其他学科称为**"(学)象学科"**。"界学科"代表这些学科在学业中处于最高层级,超越一切象学科,是"学行为"与自然本质的边界,是学的极限。"界学科"是"学的法界",附着于自然的"本质界"之外,一旦突破,便会发现还有需要突破的新界,因此,"界学科"永远走在其他学科的前面。

界学科中,认知学代表了向大自然的原始继承,教育学代表了向他系统的传承,行为学代表了破界因果,而标准质量学则代表了传承的"制器策略"[1]，这四种学问都是"宗师"的特质，是区分大器(导师)与至器(宗师)[2]的特征界。

认知学和行为学是个体达成成就的基础，可称为继承学；教育学与标准质量学是社会达成成就的基础，可称为传承学。

在继承两学中，认知学是继承之法(学法，原观察法，自然法)，行为学是继承之器(人器，无形器)；而在传承两学中，教育学是传承之法(教法，繁殖法，象法)，标准质量学是传承之器(传器，繁殖器，有标缘媒，遗传物质，有形元器)。没有器传承，法传承是无法实现的。因此笔者认为：**标准质量学是人类学业的"衣钵"**，是沟通界学科与象学科的门径。

可以这样说：界为诸学**玄牡**，缘为诸学**玄牝**，以有界使学有质，以有缘使学可传；认知学是诸学**元觉**，以感觉而触发学行为；行为学是诸学**元悟**，以行而证性质；教育学是诸学**元父**，悟来往而结法(精)；标准质量学是诸学**元母**，结器(卵)而成就诸学之胎。

或有人问："遗传学"难道不是研究传承的吗？是的，但遗传学研究的是先天传承，以成胎(标准质量学的成果)为前提，故"遗传学"是象学科而不是界学科，但未来必会发展为界学科。

1.3　本　观　论

本节探讨标准质量学的"本特征"与"观特征"。

"本特征"体现标准质量学在"基本觉悟"上的独特性。

"观特征"体现标准质量学在"观察视角"上的独特性。

由本特征可以明确标准质量学的基本门类归属，由观特征可以明确标准质量学与基本门类的关系。因此，本特征与观特征共同构成标准质量学的宏观定位，也就是"境界"。

标准质量学是实践学，也就是说，标准质量学建立于有目的认知

---

[1]　欲传法，先传器，就像给孩子喝水，先要有一个水杯盛水，标准质量学的本质即是盛水的杯子。

[2]　大器有形，至器无形，制器代表由无形生有形，必定要穿越有形无形之界，故标准质量学是大器与至器之界。器大为界，无形为境，弃有形器方能至无形器，才能成就境界，宗师制器传于导师，导师弃器而成宗师，标准质量学之界是无法规避的。

基础上,在时维上具有全包容特征(未来特征),这是工程学门区别于技术学门(当前)和科学门(过去)的最关键特征。

因此,标准质量学与科学门和技术学门都相异,如果以时间线建立数轴,并约定未来为正向,那么科学处于负半轴,标准质量学处于正半轴,技术学则处于近原点的法向上(如图2)。

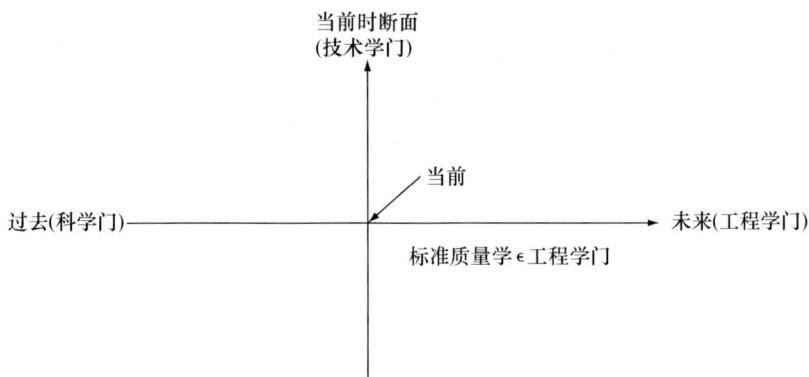

图2　标准质量学的本特征

标准质量学不是训练学,而是实践学,因此标准质量学属于工程学门而不是技术学门,但作为工程学门的一观,标准质量学包容技术学与科学。

在观察上,标准质量学具有自己独特的视角,这个视角是超界缘视角。在拙著《自主论》中,笔者已经完整地阐述了这个视角的观察结论。在此仅对这个视角的观察方式本身做一简单阐述。

界与缘,是本存在本有的两种表达方式,界为本质的宏观表达,缘为本质的微观表达,界缘是相交的。

一般情况下,观察者采用的都是在本微观,也就是身处本界之内向外观察的静态视角,这种视角只见本界之大,因此把唯一性(微观)当成本源性。

少数观察者采用的是在本宏观,也就是身处本界之外向内观察的静态视角,这种视角只见本界之小,因此把包容性(宏观)当成本源性。

标准化与质量采用的是动态异观视角,也就是假设自己不在存在中的视角。这种视角是向微观与宏观两个方向动态观察,无限延伸而觉悟自然法则的视角。建立在这个视角下,宏观与微观具有平等的关系。也就是说,在本观察,或只以宏观为祖,或只以微观为祖;而在异观察,则宏观、微观皆为祖(在本之祖),我亦为祖(在异之祖)。

通过这样的观察,得出与在本观察方法不同的基本原论,即物质的生灭是循环状态,微观与宏观互为因果,共同对生灭循环圈产生作用。

限于能力,任何观察都不是无焦(关注)点的,标准化与质量的观察焦点是界缘本质与界缘关系而不是存在的全部本质。

观察的结论是:界缘互生,无主无副,构成参回归关系[1]。界表达宏观对微观的养成本源性(导缘),缘则表达微观对宏观的致动本源性(易界)。

因此,标准化与质量是建立在界论与缘论基础上,且界缘等观的学业体系,是界缘互因果和心物(质象)互因果的二元因果论。在《自主论》中,标准化与质量所代表的是自主(意识)三世界(界、缘与核)的因果或演化机制,是"核"的表达。

学业体系均属自主三世界理论,界学科是总论和一般论,象学科是具象论和局部论。其中数学集论属于自主三世界中的界方法论,包容其他一切数学诸论;物理诸论则属于缘观察论。标准质量学则是界论、缘论与核论的原观察论。

界与缘具有自在自主性,是自然属性,也是目前为止公认的最接近自然本质的属性。信息、能量和秩序都是对界和缘的不同解读方式和方法学描述。

因此,标准化和质量在学业上属于哲学层中的一"观[2]"。与作为哲学层全包容学术的工程学门不同之处是:工程学门本身是无限"观"的学术,而标准化与质量是有限"观"的学术。工程学门本身只有"道(途径)继承性",没有"观(观点)继承性",向下是"传道不传观";标准质量学是师从工程学门之道而成自观察之觉悟,自标准质量学向下可以"道观双传"。

---

〔1〕 见李俊昇:《自主论》,知识产权出版社 2015 年版。
〔2〕 观点、观察方法。

实际上,标准质量学与工程学门之间并非绝对的上下级关系,而是循环包容关系,在系统真界之内,工程学包容标准质量学,而标准质量学又包容系统真界。因此,严格意义上说,工程学门与标准质量学之间是主客关系,在不跨界时,工程学门是主,在跨界时,标准质量学是主。如图3。

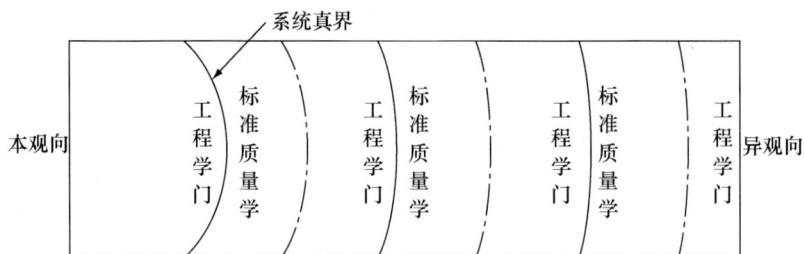

图3　标准质量学与工程学门互相嵌套

界是工程学门的前提,但不是标准质量学的前提。

工程学门是身心俱在界内的学问,而标准质量学是身在界内,心在界外的学问。因此,求舍求居,则标准质量学属工程学门,求行求达,则工程学门属标准质量学。

同样道理,定界时,认知、行为和教育三学为体,包容标准质量学;不定界时,标准质量学为用,包容认知、行为和教育三学。

1.4　价　值　论

本节探讨标准质量学固有的缘属性与使命,解决学科“性”的问题。

在拙著《自主论》中,笔者认为存在的本质是“动量”,原理是“不相容原理”、“动量原理”和递归循环原理;由动量分解出存在的三界三性:质界[得缘]、象界[寻缘]和法界[界核]。因界的存在,使自然系统表达出可集性(物质)、可变性(时空)和可函性(类时空)三性。

缘有界密度本质,界有缘密度本质,因此两者呈倒数关系。

界与缘均非零,并有向对方转化的自然倾向性(均衡与分岔),界运动产生新缘,缘运动产生新界,正是界与缘的相关性与运动相对性,构成界缘递归循环关系。也正是界缘递归循环,使我们能够看到物质(可见界)由生(显性界)到灭(隐性界)的过程,也使我们能够觉悟到物质由灭到生的过程。

标准质量学即是对大自然界缘递归规律的异观认知与自觉运用。

通过这种异观认知,为工程揭示出越来越多的谋生之道;

通过这种自觉运用,为技术揭示出越来越多的谋存之道。

人类自身的生存与延续,是人类一切工程的根本目的,这也正是标准质量学研究的最大价值所在。

标准质量学的使命,是不断地发现界缘递归的原理与规律,并形成自己的策略学和方法学,为工程实践提供最适宜的策略资源、人力资源、法器资源和知识资源服务。

1.5 本 体 论

本节探讨的是标准质量学的"质"问题。

本节中所使用的分类术语见第 5 章。

1.5.1 定义

【定义1】 标准质量学是研究缘界关系与导缘策略的工程学亚门。

第一,标准质量学本质上不是一个学科,而是一个学业门类,是工程学门中的一个"观察角度"和一个亚门[1],是工程学门以自然界为对象按"观察视角"划分时的一个维族,因此称为工程学门类中的一"观"。除具有工程学门的一切特征外,标准质量学的主要研究对象是界缘关系。

第二,标准质量学是一个不可分割的整体。过去,标准化与质量是被主观分开的,通过对缘界关系的观察与研究,笔者认为标准化与质量是同一事物的不同观察表达。

---

[1] 请参阅第5章。

内观见界,外观见缘。

当我们居界外视,更多体现缘特征,反之则更多体现界特征。标准化是界的缘体现,质量是缘的界体现,标准质量学认为标准与质量具有相同本质和不同的观察表达。

站在同一层级中观察,则标准化与质量两者之间存在递归关系,这种递归关系使生灭循环由随机走向规律,再由规律走向新的随机。

收敛性、自相似性、离散(量子)性是标准化和质量的典型特征,这种特征并不是人类主观意识的结果,而是自然本有的界缘递归所致。人为地将标准化与质量分割开来,如同在牛郎织女之间划出一道天河,必然会妨碍两者间的递归通道,因而导致自相矛盾的结果。因此,标准化与质量在学术上合二而一,向下分域不分科,这是大自然的选择,无论人们是否愿意,未来都必然向这个方向发展。

第三,标准质量学研究的根本目的符合工程学门的目的,即向生[1]。标准质量学的功能性输出是导缘策略。策略是应对不可逆系统和大数据系统的手段,体现为方法之变,即方法论,因此标准质量学在术维中主要体现为策略之变,即策略论而不是方法论。在这个层次上,信息论、集合论、概率论、模糊论、拓扑论、博弈论、运筹学、有限元理论和神经网络等是研究的主要工具系统。

策略论体现对方法论的选择性,方法论则体现对方法的选择性。

方法、方法论与策略论具有共同的原对象,都是针对界与缘的,都属于认知(学)范畴,符合观察原理(5.1.3.1节中的原理2、3、4)。方法是在已确定具体对象情况下的寻缘、求缘与导缘途径的认知;方法论是针对已识别属性的寻缘、求缘与导缘途径的认知;而策略论则是针对不确定属性的随机(不可逆)系统的寻缘、求缘与导缘途径的认知。

标准质量学亚门类与其包容门类工程学门一样,是分层分域学业,而不是分科学业,就是说,无论如何向下传承,都只是域规模和层级的改变,域(界)这个特征不变。因此,标准质量学主体在哲学层,主要下传至知识层中的法器维,以技术域体现。

---

[1] 朝向有利于生存的方向。

1.5.2 近缘关系

所谓近缘关系,是对与标准质量学最难于界定的门类所作出的比较与说明。

探讨这种关系是因为存在一种争论,就是工程与标准质量谁包容谁的问题。笔者认为这种争论源于对于工程概念本身的不同理解。

在此之前,最接近工程本质的定义出自"工程系统论",定义工程为**人群的目的性活动**。但笔者认为这种定义仍偏于狭隘,因而定义工程为**目的性活动,**即不针对具体工程主体的定义方式。关于这一点,笔者将在另一本书《泛工程论》中作出阐述。

建立在这种定义框架下,具体的标准质量活动是具体工程活动中最高层级的策略活动:质量是生存的根本体现和显性表达(界),标准化是生存的根本策略和隐性表达(缘)。

因此,标准质量活动虽为具体工程所包容,却是工程的最本质体现。在《自主论》中,质量为界,标准为缘,两者的递归为标准质量活动,是工程之核。

如果取消工程本体的具体性,则工程与标准质量是平等的主客关系和互生关系。

作为学业门类定义,工程学门是整个学业中除技术学门和科学门之外的全体,标准质量学是一个亚门,是被包容的。但对于多数人来说,工程是具体的工程,是创造具体产品和服务输出的有限工程,标准质量本身也是一个这样的工程。

为了更好地解决这种理解上的差异性,笔者将常规理解的工程定义为实务工程。这样,便在工程学门中分离出了一个实务工程学亚门和一个标准质量学亚门。

【定义 2】 **实务工程学是研究缘界关系与得缘策略的工程学亚门。**

从界规模上看,实务工程学亚门与工程实践的关系最直接,规模与范围也最大,但与标准质量学亚门处于同一层级,两者之间是正交关系,环境条件不同,功能不同,策略取向也不同。从发展的角度看,两者最终会融为一体。

实务工程学与标准质量学的关系如图4。

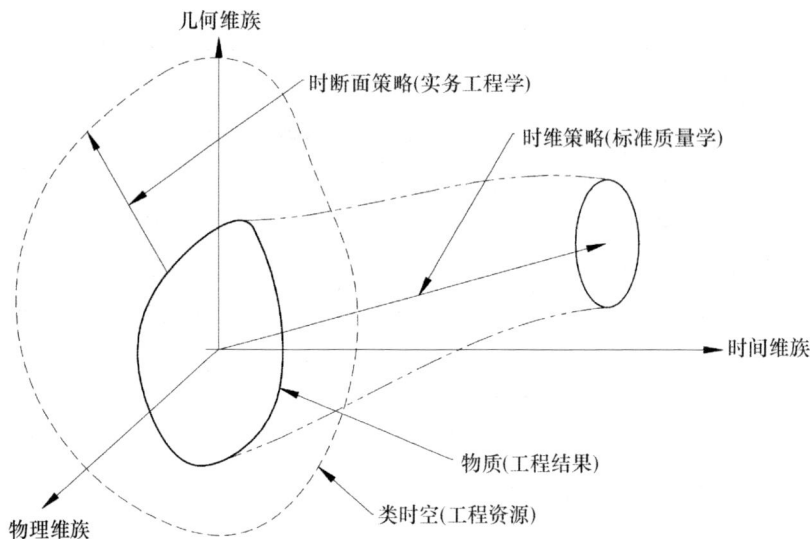

图4 实务工程学与标准质量学的关系

这种维度上的差异性表现为：

实务工程学主要体现缘整合策略,在时断面上运动;标准质量学主要体现界缘演化策略,在时维方向上运动。

实务工程学具有无限空间有限时间(沿时断面扩展)的特征,而标准质量学具有有限空间无限时间(沿时维运动)的特征;实务工程学以得缘为目的,得缘即结束,在有限的时间内只能以寻缘、求缘策略为主,导缘策略为辅(导缘是一个长期的过程,因此实务工程尽可能减少导缘过程,即使有,也主要是量变导缘);标准质量学则以推动生灭循环为使命,得缘只是里程碑,因此以导缘策略为目的,等观所有缘策略。以一个向未来无限延伸的网络做比喻,标准质量学是绳的全集,而实务工程学则是绳结的全集。

从运动学角度看,实务工程学是微观量变而致宏观质变的学问,标准质量学则是微观质变而致宏观量变的学问,两者存在同化对位性。

在运动特征上,实务工程学具有有限时间无限空间的特征,体现

"武备与征服";标准质量学的无限时间有限空间特征,体现"文化与和解"。两者一文一武,共同达成工程学之目的。因此,标准质量学是一种"文化"。

如图5。从学业发展的角度看,实务工程学会在时维上不断延伸,而标准质量学则会在时断面上不断扩展,两者均具有向对方同化的趋势。以动态时间参照系(即永远以"当时时间"为"当前")沿时维进行观察,标准质量学永远走在前面(绝对时差),沿时断面观察,实务工程学的规模永远比标准质量学范围大(绝对域差),显示标准质量学发展始终领先实务工程学发展,实务工程学成果始终包容标准质量学成果的特征;而以静态时间参照系(即以任意一个已有时间点为当前)沿时维进行观察,则随着时间变为远未来,实务工程学与标准质量学将走向不分彼此(相对时差和相对域差都变小),显示同一性。

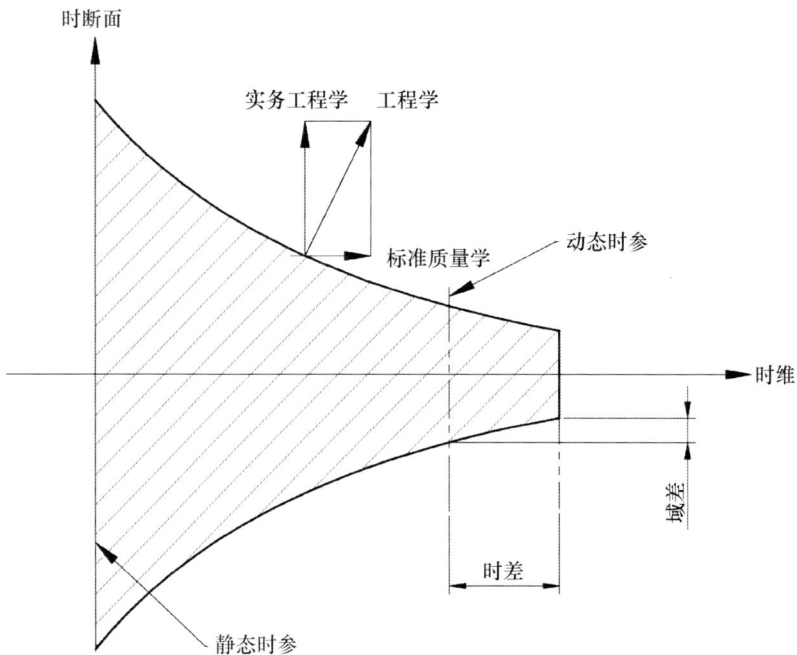

图5　实务工程学与标准质量学的发展特征

实务工程学和标准质量学还体现互为主客的关系。

所谓主客关系,是指在具体的实务工程域中,实务工程系统本身是主,生存问题是依附于主的问题,只有主才具有决策权,即所谓"客不凌主",标准质量系统不能强迫实务工程系统作违反其生存需要的事;标准质量系统作为实务工程最高层级的策略系统,对决策具有最关键的影响力,所谓"主不欺客",对于符合实务工程系统生存目的的策略,以宏观标准质量策略为最佳,应受到最大限度的重视。

主为承载,客为源流,无地流尽,无流地荒,**"河再宽,不能主国,国再强,不能犯流"**,这可以说是对实务工程学与标准质量学之间关系的形象描述。

也可以从另外的角度去看待实务工程与标准质量间的关系,这种关系是主师关系,也就是说,实务工程是主,标准质量是师。系统内部的标准质量系统是"弟子师",是系统的主人,本身具备决策权,这种策是对下"引导"之策而不是"控制"之策;而宏观标准质量系统是"主师",具有宏观层决策权,决定对本系统之"主"的"引导"之策,亦不是"控制"之策。"主师"是主的导师,为主所尊重,但在界仍为客,仍应遵循"客不凌主"的规则,也就是说"主师"不能替主拿主意。

标准质量系统本身也有自己的领地,在自己的领地中,标准质量系统为主,实务工程系统为客。也如大河之喻,无论流经何国,入河之界,则河为主,国为客。

正如泛滥的尼罗河曾经造就辉煌的古埃及文明,不再泛滥的尼罗河也毁灭了古埃及文明一样。**源流于国,无则引之,有则敬之;敬流流盛,流盛国兴,犯流流断,流断国衰。**

因此,标准质量系统对于工程系统来说是**可引可敬而不可犯**。

1.5.3 学科关系简图

标准质量学的学科关系如图 6 所示。

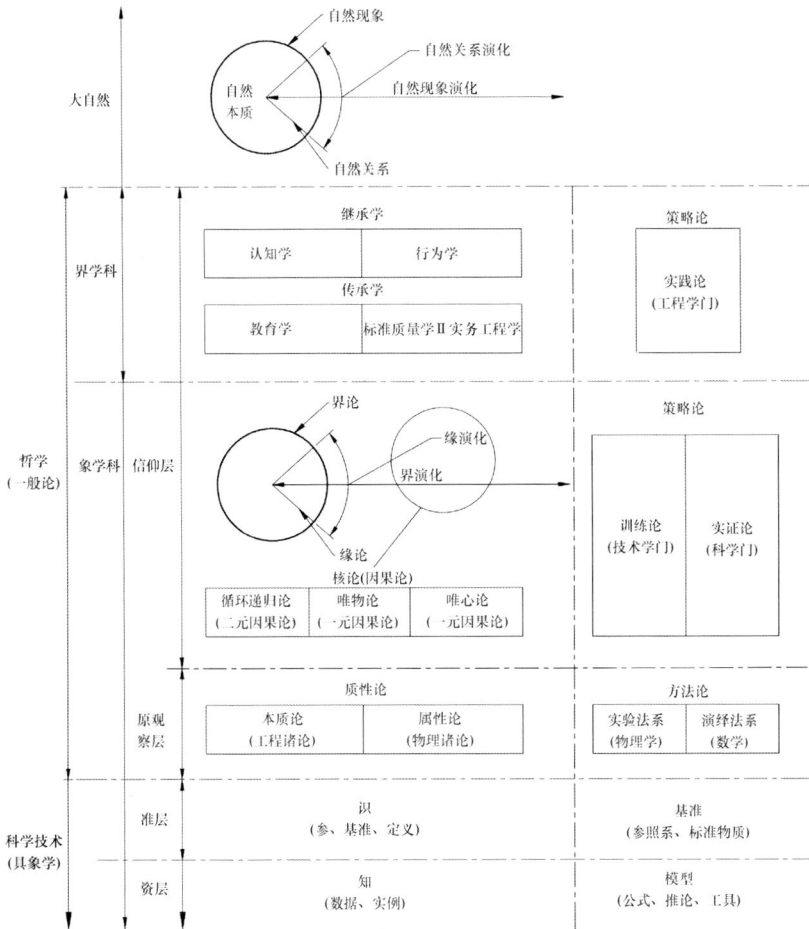

图6 学科关系简图

2 策 略 论

本节探讨标准质量学的"术"研究始点与原策略模型,提供标准质量学的原符号学解读。

本节采用的符号系统属于《自主论》中提出的泛集理论,该系统利用《自主论》中"递归"的概念与泛集表述,建立标准质量递归的原策略模型。

策略与方法并没有本质上的不同,主要的差异在于可变性。

"策"与"方"都代表"应对"和"应答",都有"对位"的含义,因此都有"效应"属性;"略"与"法"都代表定量与比较,都有运算特征,但"略"代表模糊和不精确,"法"代表精确。

策略与方法的主要区别在于:方法是点空间原理,是无积的,以逻辑为始;而策略是体空间原理,是有积的,以因果为始。因此策略代表方法的可变性和运动,是关于方法的方法,因此称为方法论;而策略论是异观原理,是研究因果本身的,代表策略的可变性和运动,是关于策略的策略。因此,在学术层次上,方法应对静态目标,是层次最低的,但置信度最高;策略应对变态(变形与运动)目标,层次比方法高,但置信度相对降低;策略论对应质变(本质与策略改变)目标,层次最高,但置信度最低。

标准与质量的演化是包含质变的,因此标准质量学的学术属策略论层,在策略论中处于最接近自然本质的实践论层。

2.1 标准质量学原模型

2.1.1 本质

标准与质量的本质是什么?相互之间有什么关系呢?

在 0.1 节中讲到质量的本质是**固有价值**,而标准则用一个简单公式(1)来表达,认为标准是**显性质量的演化里程碑**。笔者认为这样的陈述方式更直观,更容易引导观察与觉悟,但也许并不方便形成策略与方法。本节笔者用更为抽象的方式去理解质量与标准的本质。

【定义 3】 **质量是以缘象表达的当前界,标准是表达演化界象的缘,标准质量活动是缘界递归的全部。**

由泛集理论可知,同一事物可有多种定义,只要保证定义的有效性(唯一定位一个对象)即可。本定义是自然泛集定义(指针),包含而不排斥其他形式的标准质量定义。

本定义是标准和质量本质的界缘定义,采用这个定义可以让我们从符号学的角度去描述标准与质量,进而形成标准质量学的策略与方法体系。

在拙著《自主论》中,笔者把自主世界(也就是意识世界)分成了三种属性世界——界、缘与核,标准质量活动的本质其实就是自主世界的直接表达方式,质量代表界,标准代表缘,而标准质量活动代表核。

界的本质是对象当前的"衡",有几何衡和物理衡两种表达,几何衡即人们常说的"心",如质心、核心等,而物理衡则表达为对象的物理界,质量本身包含了几何衡与物理衡,但对于工程来说,物理衡的作用更真实。

需要注意的是,"衡"与"均"是不同的,衡代表的是事实存在的"悖论"或"不确定",也就是"信息论"中所说的信息。任意一个非零系统,都是由不确定作为参照系的确定,就像一个数轴,只有存在原点,才有正半轴和负半轴,正与负都是确定的,但零本身却非正非负,是正与负的转化瞬间。而"均"则是"衡"的一种映象,尽管可以用统计数学的方法向零趋近,但都不是事实。质量的本质是事实而不是猜测,所以不能用"均"这个术语来理解。

标准是表达演化界象的缘,代表标准用可以传承的方式把隐性的质量显性化,让接受标准的系统可以根据这个界象来了解对象未来的界或价值,因此标准是一种遗传物质,并表示标准永远在时间上超前于质量。这便是公式(1)的解释。

界缘递归是《自主论》中核的本质表达,代表"核"的运动方式。

所以,标准质量学不是研究具体物质对象的,而是研究自主世界本身的,是自主世界的观察表达与策略表达。

当前界,表明质量是"已经延续到现在的事实",演化界象,表明标准是"关于界的未来的本象、直映象与回归象"。缘是缘媒运动的全部,象是缘媒运动的观察表达,关于界的本象、直映象和回归象,表明标准是有标缘媒,并且这种缘标描述的对象是界及其演化,而不是描述其他事物。

界缘递归表明界的演化以演化界象为参照系,而演化界象也以当前界为参照系,因此两者之间是互参关系。

本书认为,基于"事实"的标准才"是标准",而没有事实基础的标准"不是标准",仅仅是"象标准"而已。

标准与质量都有本质属性和象属性,本质属性是自然存在,不可转移,象属性是认知属性,可以转移。标准质量表达缘与界这两种自然原属性之间的互因果本质(原)、互定义策略(集)和互迭代方法(函),互因果、互定义与互迭代就是递归。

1)质量的本质属性是其当前界的事实存在,包括本质界和本象界;

2)质量的象属性是当前界的直映象和解算象;

3)标准的本质属性是未来界演化的"自然衡";

4)标准的象属性是其本质属性的直映象和解算象,也就是"策略均"。

缘与界都是自然的自在自主性,只可观察与觉悟,不可转移,但缘象与界象都是可转移的。

我们可以任意拿一本标准,会发现标准是由一系列标识与条款构成的,每一个标识都代表了界的一部分,合而为一个全包容界的描述,其中的每一个条款其实都代表了一个或几个界或界元。

举个很常用的条款实例:"螺纹 MJ 12×1.5 4g5g 按 GJB 3.3A"。这个条款看上去十分简单,但其中却包含了非常多的界象:

1)条款规定的对象是"螺纹",这是一个集定义,代表了特定的几何结构,界是由集定义确定的。

2)MJ 是螺纹集的一个性集标识,代表一类特殊螺纹——MJ 螺纹,是由牙型标定的几何界,代表了几何界的界缘,也就是界栅之间的缘。

3）GJB 3.3A 则代表了携带 MJ 螺纹解算界象的有标缘媒的标识,是一类具体的物质实体(标准文本),GJB 3.3A 是这类实体区分于他实体的界(形态)标识与道(查询)标识,在这类缘媒中用缘标记载了 MJ 螺纹的牙型定义,牙型定义是 MJ 螺纹的数学集合(定义泛集的解算象集)。

4）12×1.5 是 MJ 螺纹的规格,代表 MJ 螺纹"类定义"中的一个"素定义",是具体的解算界象,代表 MJ 牙型集合族的一个分形节点,或类集中的一个一级实例。

5）4g5g 则是 MJ 螺纹的界本定义,表达了与接收系统本体界的缘性,即入界有缘可同化(可接收),界外无缘不能同化(不可接收)。

标准本身是缘的表达而不是界的表达,所谓缘表达,即标准代表的是缘媒中的界象缘标,代表的是"效应",是"异参"而不是本质,只能通过缘媒所传递的演化界象(异参)来触发或促成对象的界演化,而不具备形成运动的能力。也就是说,标准不影响质量对象的自在自主性,运动还是不运动,是由对象自己决定的。这个决定即是对象的策略,泛集表达是对象的核函中的过滤核函。在具体的应用中,表现为标准只是对对象的行为指导,是质变术中的工具缘媒,不能规定对象本身和当前界,而只能以当前界做参回归。即使是计量学(标准质量学的一个分支,属法器层技术学)所涉及的"标准物质",也只是代表人对物质的"筛选与标识行为"而不是物质本身。物质自在,不可能被标准规定。

标准只是表达演化界象的缘,没有采用记载实体的必然性,只要有可以承载演化界象的缘媒(比如食肉动物在领地边界处的树上排尿),都可以视同标准。对于人类来说,口头约定、示范、路标、行为本身都可以成为这样的缘媒。如果象不以记载实体传承,则重复性差,传承收敛性不强,此时便形成所谓"潜规则";如果存在记载实体,则重复性强,传承收敛性强,此时便形成所谓的"显规则"。

法律、道德、伦理、文化等都具备同样的特征,因此都是标准在人类社会中的表现形态,都只针对行为,而不针对人本身。其中法律是"显规则",道德、伦理、文化则多体现"潜规则"特征,而道德与文化又体现思维行为特征,是缺乏实象界的更高层次的行为,是难以形成"显规则"的。

也就是说,**本理论中所说的标准,是一切"显规则"与"潜规则"的整体的作用方式、作用原理和效应的本因,我把这样的标准概念称为本质标准**。

质量的本质是事物的界[1],其中隐含了驱动自身演化的核,核为质(内缘),界为量(比较),合称质量,核亦有界本质,但为界所遮挡,难以被观察系统准确观察,且界与核都具有自在性,只有通过象才能表达。质量在观察系统中所成之象是缘象,是内缘之象(核象),这个象是通过正交于缘轴的象(观察隐轴显性化)表达的,因此说质量是以缘象表达的界。象本身即体现界特征(界象性集)。因此,质量实际上包含了界和界的表达方式。

法参与实参之间是相互参照的,是基于实参的参回归体系,尤其是在不可逆体系中,绝大多数实例根本不可能以宏观界或核象为参照系,因为距离太远,而且为其他实例所遮挡,界本参和核本参的缘媒根本无法直接到达,而是以压力波(界参)或引力波(核参)的方式传递,并通过邻近关系的可变性形成自然衡。实例对邻近关系的响应敏捷性,决定了整个系统均衡的达成速率。一般情况下,实例都"愿意"直接以核和界为参,正像我们无法对抗万有引力,因为我们身上的每一个原子都倾向于引力源。但事实上,邻近实例间的遮挡关系影响通常更为强烈,而核参和界参本身就是全部邻近关系共同构成的,所以,除了极少数个体外,其他实例都主要依赖邻近缘效应为参。

无论何种响应方式,都只能以当前状态为基点,以缘效应导向形成演化,而不可能以某个绝对法(纯意识象)为参,因为时间是不可对抗的。

本质质量即代表了对象的当前状态,而本质标准则代表了缘效应,两者之间是基于本质质量的参回归关系,而不是基于标准的参回归关系,这一点是必须首先要了解的。也就是说:

$$本质质量 \bowtie 本质标准 \qquad (3)$$

这是标准质量的最基本因果。

---

　　[1]　这只是策略学解读,实际上质量应该理解为对象的存在,但我们只能通过界的存在特点体会对象的存在。所以将质量理解为界才能形成策略与方法。

2.1.2 相关界

在一个标准质量循环系统中,可以有两个界系:一个是**对象界系,**一个是**应用界系。**对象界系是对象本身所固有的或以其为源的界系统,而应用界系是应用系统(或对象的外缘系统)固有的或以其为源的界系统,他们之间并非以空间包容性为划分原则,而是以功能性交换为划分原则,输出功能一方的界系统为对象界系,接受功能一方的实体界为应用界。两个系统的结构是完全一样的,如图7所示。

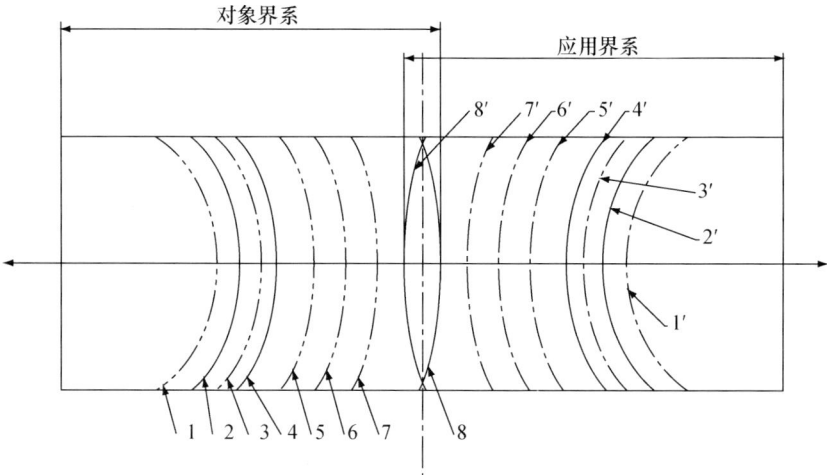

图7 标准质量相关界系统

图中:

1(1′)——对象(应用)主观界;

2(2′)——对象(应用)本质界;

3(3′)——对象(应用)宣称界;

4(4′)——对象(应用)本象界;

5(5′)——对象(应用)实测界;

6(6′)——对象(应用)直映界;

7(7′)——对象(应用)信任界;

8(8′)——对象(应用)核对权力界。

图中用实线标注的界(本质界、本法界与本象界)合称实体界,实体界与主观界都是无法通过观察而认知的界。

这些界中的一部分在《自主论》中有定义,但同一个界可以有不同的定义方式,本书的定义是为形成标准质量原模型而作出的,不影响本质上的同一性。

这些界的定义如下:

【定义4】　主观界是质量的行为主体的核根据权力界进行策略(核函)递归形成的演化界象。

也就是说,主观界是由质量行为主体的核建立的标准,因此代表相关内部标准的全集。

比如,几乎所有工业产品都是按照设计文件制造的,设计文件本质上即是主观界的演化界象。

这个界象的缘媒是在主体内部传播的,用于协调内部行为,是行为主体的意识界和隐性界,是其自主性和自律性的体现,一般情况下观察系统并不完全了解,因此称为主观界。一切情报工作的最终目的都是为了了解对象的主观界,主观界代表了对象的核策略或核函。

【定义5】　实体界是质量对象固有的当前事实界。

实体界即是质量对象本有的界(事实界),也就是本质界、本法界和本象界的三位一体,是不以观察系统的主观意识为转移的,甚至也不完全以本系统的核意识为转移(核本身的物质层次不足以决定微观物质层次),是质量的物质本界。其中的本象界又可称为**可测界,**因为一切测量都不可能在不对对象本质造成破坏的条件下越过本象界。

【定义6】　宣称界是主动缘媒所携带的界象;实测界是被动缘媒所携带的界象。

由于实体界自在自主,不可转移,因此,观察系统只有通过由行为主体的核有意传递(主动)以及由界辐射或反射(被动)的缘媒所建立的象去认知他。宣称界一般是由有标缘媒携带的对象缘标来标识的,通常具有欺骗性(行为主体核的故意行为);而被动缘媒具有客泛集特性,是零标缘媒,因此只受传递过程的影响,而与行为主体核的目的性无关[1]。所以,实测界比宣称界可信度高。但实测界仍存在测量的不确定性,且其不包含对象核的任何象,缺乏可预测性,宣称界却可以包含核象,并具有一定的可预测性,因此,两种界相互参照更有价值。

---

〔1〕　有一句名言叫做"不要看他说什么,而要看他做什么",宣称界就是"说的",实测界就是"做的",所以实测界置信度更高。

一般情况下,宣称界主要以自检报告、宣称、保证等形式表达,而实测界则是以观察系统的实际观测结果表达。

宣称界与实测界用符号表达就是媒泛集 M 和媒性集 $\cup M$。

标准的显性表达与质量的显性表达都是通过缘媒实现的,但质量相关缘媒中的界象是当前象,而标准缘媒中的界象是未来象。未来象代表了对象界在未来某个具体时间段内的最大不确定性。

【定义 7】 权力界即演化界象。

换句话说,权力界即标准的界本质。

在《自主论》中,权力界是对象对外宣称的独占性时空范围,而不是外部强加给对象的。这是什么概念呢?这个概念就是说,只有主体自己宣称的或承认的独占时空界才是真正的权力界,被强加的权力界是不可信的。因此,本理论认为标准应有"保留"机制,即标准中应包含参与标准制定的各相关方对标准的态度,其中包括"保留",即关于具体相关方反对或拒绝的记载。而在中国的标准化体系中却缺乏这种机制,因而不利于标准质量活动的开展。

权力界一般可以分为四类:**内界、舍界、道界、荒界**。

这里所说的内界是权力内界,与《自主论》中的内界有所区别。《自主论》中的内界是观察内界,代表对事实演化的判断;这里所说的内界是权力内界,代表对象在其宏观系统中所获得的权力,即《自主论》中所说的权力界。也就是说,这里所说的权力界比《自主论》中权力界的概念更宽泛。《自主论》中的权力界是对象权力界的外表达,而本定义则既包括外表达,也包括内表达。

权力内界是为质量主体标定的实体界的最大变形界,这个界是质量主体维持基本生存的最小类时空或收敛悖论,一旦这个界受到侵犯,就必然会遭到积极的或消极的对抗。[1] 比如一个人至少需要能伸直双臂而不至发生碰撞的空间,以维持最低运动需求,再比如一个人有在其收入的合法限度内选择合法销售的商品的权利。

舍界是为质量主体标定的独占性边界,在这个边界内行为主体行使自主权,但这种自主权导致的缘媒辐射(即本象,如噪声)要受外部标准的约束。比如人的居所即是舍界,任何不属于户主的系统都无权

---

[1]　积极对抗表现为公开的反对、抵制、破坏等,消极对抗表现为不作为。就工程目的来说,消极对抗比积极对抗更可怕。

侵犯,除非户主的行为对外部系统产生了主动影响,或者发生了重大灾害风险(如犯罪)。

道界是内界的延伸或是**分时内界,**是行为主体的宏观系统标定的潜在内界冲突(即两个内界接触)的行为约束界。在这个界内,宏观核系统行使有限自主权,这种自主权表达为宏观核系统对冲突的裁决权和对越界(内界突破道界包容性)行为的惩罚权或报复权。这种自主权的有限性表达为宏观核系统的惩罚或报复应基于实证(缘媒辐射)、不超越预定(所有或多数行为主体共同约定)的限度(界)、不针对未越界的实体部分,且不针对行为主体在内界以内的行为。举例来说,《道路交通法》即是道界的表现,但《道路交通法》只针对车辆的行驶行为和缘媒辐射(如车辆自重、客货混装、噪声、排放等),而不能针对被封闭在车内的乘员的非行驶行为。另外,车辆采用何种内装潢,乘员是男是女、带不带宠物、听什么音乐等都是不归交警管辖的。道界的目的是为了避免不同内界之间的潜在冲突风险,其核心是维持"瞬时缘径",具有"分时占有"与"下率阈"特征,即在道界内,对行为主体具有不为零的运动条件所限制,也就是非不可抗拒的自然因素和权威指令**不得停留**和**不得低于下率阈**(如不得低于限速行驶)。

荒界是舍界的延伸,本质上是行为主体的宏观系统标定的新陈代谢区,是有限自行为界,职业即荒界的体现。在这个界内,任何行为主体(包括宏观系统的代表)都没有整体独占权和永久自主权,只能采用"投标(输出缘界)竞权、先入为主、周期核查、违标削权"或者"转让自主权"等微观权力策略。宏观核系统根据核查结果行使预定的权力。

根据这四类权力界,标准也有不同的表达。内界与舍界通常以宪法、人身法、物权法、模块标准(接口标准)的形式体现,道界是行动标准(公共运行规则,如交通法、合同法、工商管理条例、认证标准等)的主要体现方式,而荒界则通常表达为行为主体的承诺(制造商推动的外部标准,企业标准,标书,合同等)。

内外具有相对性,主观界对于内部的微观行为主体来说仍体现为权力界。而权力界对超宏观系统来说仍体现为主观界。因此,越向微观方向运动,标准特征越明显,越向宏观方向运动,质量特征越明显。

【定义 8】 直映界是缘媒在观察系统中的直接映射所形成的界象的回归象。

由于观察系统自身的观察水平有限,所以所形成的象与宣称界或实测界有差异。这是观察系统成象因果(逻辑)的差异造成的,属观察系统的先天传承。比如,颜色方面的约定对色盲来说是没有意义的,因为色盲没有辨色观察能力。

同一种宣称,对不同的受体来说有不同的理解,比如"偏方治大病"这句话,本身是"密码效应"的一种体现,并无错误。[1] 但经验论者易于忽略"大"字而走入"偏方治百病"的理解误区;而庸俗科学论者则对立地走入"偏方不治病"的另一个误区。这种个体理解力的差异性,是导致宣称界被利用从而形成欺骗或欺诈的主要手段之一。

因此,直映界主要取决于观察系统的观察结构或先天传承。

【定义 9】 信任界是观察系统根据直映界进行策略修正后所形成的界象的回归象。

信任界是策略性成象,由观察系统的后天传承决定,体现观察系统的主观性。信任界也可以称为觉悟界,是观察系统对于主体行为的觉悟水平。

信任界的数学表达,即是信用核函 $f[\quad]$(觉悟获得,只是信用核函的象)的回归对直映界的修正结果。

因此,信任界主要取决于观察系统的策略结构或后天传承。

【定义 10】 应用界是应用界系中的实体界。

对象界系与应用界系之间并没有绝对的包容关系,而只是功能源与受体之间的关系。他们之间存在三类关系:正包容关系,主客关系和逆包容关系。

正包容关系体现应用系统包容对象系统,且应用系统是微观服务于宏观的系统;

主客关系体现应用系统与对象为并集关系或互生关系,此时应用

---

〔1〕 "偏方"是与"正方"相对的,但不是与"验方"相对的。正方代表常规、常见疾病的规律性医方,而偏方代表非常规、常见疾病的对位性医方。"医方"并不代表"用药",而"正方"则是"用药",所以药典上不记载偏方也是正常现象。"大病"代表的正是非常规、常见的,出现概率很低,对位性极强,一般规律性医方难以奏效的疾病,适用对位性方剂没有什么可奇怪的。因此,"偏方治大病"这句话不仅没错,而且非常严谨,史上良医都非常重视收集与使用偏方。

系统仅是宏观系统的一部分；

逆包容关系体现对象体系包容应用系统，此时应用系统是宏观服务于微观的系统。

在全部供需关系中，正包容关系和主客关系占比重很大，但其中的应用系统是非关键系统，在整个宏观系统中的权重很低；逆包容关系占比重很小，但其中的应用系统却是关键系统，在整个宏观系统中的权重很高。

逆包容关系中的应用系统是"被保护系统"，其典型策略特征是"保护性管理"（见本节后述），被包容的系统才是应用系统，其包容系统才是质量对象。举一个最简单的实例，人的生殖系统即属于人的被保护系统，代表大自然赋予人类的重要使命之一（结构性传承，先天传承，事实质量），因此，尽管生殖系统是人体诸系统中应用频度较低、比例较小的一个微观系统，但却是权重最大的系统之一，人体的一切生命活动，根本上都是围绕着它进行的，代表了整个物种的生命，它的权重甚至比个体本身的生命还大。在动物界中，很多动物在生命面临威胁时，都会增加交配的次数，提高繁殖率。人也如此，在关于死亡的医学研究中，人在死亡过程的最后意识阶段普遍会体会到性交的快感。这些都说明在人体中，生殖系统才是需方，其他系统都是供方，"性"的需求比"活"的需求更重要，"活"的目的是"性"，违背了这种价值关系，即违背了作为自然人的使命。从这个角度来说，禁欲是违背天道的。比先天传承更重要的使命是后天传承，它代表整个物种的演化，父代后天传承的精华固化为先天传承传给后代，未转化为先天传承的后天传承部分在后代出生后再行遗传。没有后天传承，先天传承只会自然衰退，所以后天传承代表了整个物种的"性活动"，其比个体的"性活动"更为关键。

标准化活动是所有物种后天传承的核心，在人类社会中，他在"社会人"使命中处于最核心的层次。

标准质量活动的首要目的（使命）是传承，而在传承之前，必须通过应用来精化。也就是说：应用不是标准质量活动的根本目的，传承才是根本目的，而应用是精化最本质的和唯一有效的过程。

无论是正包容系统、主客系统还是逆包容系统，其中的权力界都是实体界与应用界的分隔界，他的作用是避免实体界与应用界之间的冲突,但其本身并不构成冲突事实,而只构成冲突风险。也就是说,权力界只是质量黄线,用于对象系统的越界告警或警告,应用界才是质量红线,是对越界行为采取确定性惩罚或报复行为的触发条件。

举例来说,靶场的警戒线是权力界,但只有弹道才是应用界,越过靶场警戒线并不必然地导致灾难,击发时进入弹道才会导致灾难。但警戒线代表了对弹道一切可能误差(可接受误差概率)的保护余度,也就是风险性的边界。侵犯权力界在法律上称为侵权(约定权力界,体现人的报复)或自愿涉险(自然权力界,体现自然的报复),越过靶场警戒线不属于侵权而属于自愿涉险。权力界便是标准对于应用的真正价值所在,而其中的技术标准标定的自然权力界多于约定权力界,"应、宜、可、能"的表述规则即体现自然权力界特征,侵犯它属于自愿涉险行为。"必须、禁止、处罚"的表述体现的是约定权力界特征。

通常情况下,约定权力界本质上仍体现自然报复,但这种自然报复属于非直接报复和非定位报复,也就是说自然的报复行为只针对侵犯行为而不针对侵犯本体,其结果是局部犯界,整体受累。比如,一个人的高喊造成的雪崩可能危及他人生命,一个人用手打了别人一个耳光,所招致的报复并不会针对他的手,而会针对他身体的任何部分。约定权力界的目的是将自然报复与具体侵犯者之间建立直接关联从而避免累及他人。所以,约定权力界一般以强制性标准(法律、法规、制度)表达,体现人为报复。

而自然权力界是一对一的直接自然报复,不需要人为定位,表达为对不良结果的警告和结果自负,有行为能力的个体的自愿涉险行为是不应由其他人承担任何责任的。

所以,在具体标准的操作上,应正确区分约定权力界与自然权力界的这种差异。

【定义11】 缘信任是行为主体的核对权力界与实体界进行对位比较所形成的对位(缘性)界。

【定义12】 界信任是应用系统的核对权力界或信任界与应用界进行对位比较所形成的对位(缘性)界。

【定义13】 证信任是观察系统的核对权力界与信任界进行对位比较所形成的对位(缘性)界。

信任也是界表达,代表实体界及其演化的观察不确定性边界,是一种策略性边界描述。在《自主论》中，信任所代表的是量子模糊；在统计数学中信任用置信度表达。也就是说，信任实际上是观察系统对自己观察能力的认知而不是对被观察对象的认知。

　　缘信任、界信任和证信任是在标准质量循环中三类不同参与者的观察特质。缘信任属于质量主体，界信任属于应用系统，而证信任属于观察方。这里的观察方特指具有独立公正的人格的第三方，这种**独立公正的人格即是观察方的权威性**。权威性是一种自然达成，而不是由人主观指定，代表了公信力，只有供需双方共同认可才有效。证信任是观察方站在异观立场上，以独立的取证活动为供需双方提供证明。

　　由于标准是权力界，代表生存与风险，因此行为主体在接受与不接受标准的标的时，需要进行对照，以确定自己是否具备相应的行为能力（即是否可能在预定的时间内使自己的实体界运动至被权力界包容），以及行为的结果是否符合自己的生存需要［运动至实体界被权力界包容所要异化的缘媒是否属于自己的过盈缘（无用能），所换回的缘媒是否属于自己的过亏缘（有用能），这种交换是否等价，等等］。对照的结果所形成的象即是缘信任。

　　因此，缘信任是质量行为主体决定是否与对方建立导缘关系的根据，如果缺乏缘信任，行为主体会选择退出这个递归系统，也就是主体逃离。没有质量行为主体的参与，标准质量循环就是无稽之谈。由此得出如下原理。

　　【原理1】　行为主体在标准质量循环中具有决定性作用。

　　笔者把这个原理称为**标准质量循环的黄金规则**[1]。

　　界信任对于应用系统来说是最根本的信任，也就是实证考验。一般情况下，界信任只在特定情况下使用。特定情况主要有以下三种：

　　1）递归初期：体现对证信任的认知不足，此时采用界信任的目的是证实证信任，主要体现对观察系统能力上的欠信任。

　　2）证信任不良：主要体现观察系统的人格性缺失，也就是权威性丧失，其原因或者是人格不独立，或者是立场不公正。

---

　　〔1〕　标准质量循环的黄金规则，决定了中国当前的"转化国外先进标准原则"与"严格标准手段"的结合，是一个宏观误区，是拔苗助长的策略，最终会导致国内产业整体发展受到扼制的不良后果。

3）天然间隙不足：由图 7 可以看出，在信任界与本象界之间存在一个自由空间，这是观察原理所导致的必然结果。因此，只有当实体界与应用界之间的天然间隙足够大时，他们才具有确定的观察界象。如果天然间隙不足，则双方的信任界之间会出现交集，甚至信任界与实体界（应用界）之间也会出现交集，此时，信任界自身的置信度会下降。这种情况表示观察系统能力上的事实缺失。

由于采用界信任代表以事实风险或灾难为证，上述三种特定情况正是这种风险或灾难的体现，所以说在这三种特定情况之外，存在无灾难取证的可能性。因此利用证信任对供需双方都是有利的，这便是在标准质量递归中，公正的第三观察方存在的根本价值。

随着各方合作的不断深入，对于观察系统的能力与人格的认知会不断清晰起来，最终会以人格作为评价的底线。而从能力角度来说，随着观察系统在科学技术方面觉悟的不断提高，其有效应用领域也会向天然间隙不足的对象切入。可靠性、安全性等以概率表达的质量即属于这种应用。

所以，对于观察方来说，能力并不是进入市场的关键，人格才是。因为任何有觉悟的系统都了解"江山易改，本性难移"的道理。能力可以随着时间的延伸而提高，但人格却很难改变。

标准质量间的递归关系，是如图 8 所示的三种循环模式中的一种。

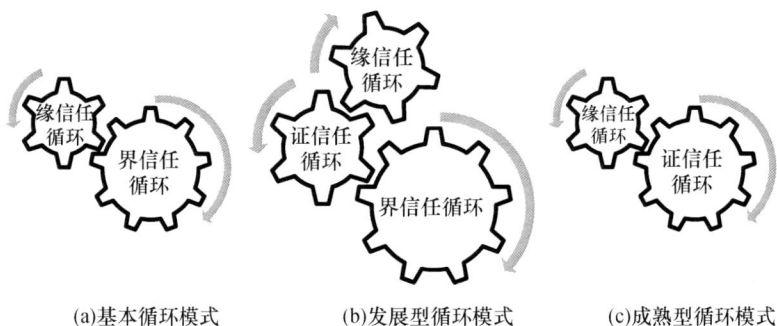

(a)基本循环模式　　　(b)发展型循环模式　　　(c)成熟型循环模式

图 8　标准质量循环

其中，基本循环模式是自然界本存的循环模式，也是最根本的循环模式，体现非社会性特征。这种循环模式中并非没有证信任，只是事实与观察混淆,证信任体现为缘信任和界信任的互证明,也就是质量行为主体与应用系统各自拥有自己的证信任系统来为对方作证明,体现为"互为二方审核"。这种情况下,初始的核对权力界都是直接建立在对方的信任界基础上并向对方的实体界推动的。合同制在本质上就是这种基本循环模式的体现。这种模式由于存在两个对立的主观证信任系统,因此需要双方长期进行直接合作才能建立互信。

发展型循环模式是一种社会性体现,是客证模式,也就是双方都将自己的证信任子循环分离出来交给同一个公正的客系统(观察系统)以实现证信任的统一。这种模式有利于供需双方实现快速合作和降低取证成本,并且由于统一的观察系统可以实现专业化经营,因此有利于提高取证的技术水平与置信度。当这种模式的社会化水平达到一定程度时,也有利于降低取证成本。

成熟型循环模式则代表自律,是自证模式,由于完全脱离了界信任循环,因此效费比是最高的。

标准质量循环中的三个小循环都与界有关,这三个小循环之间的分离界分别是实体界(缘信任与证信任之界)和应用界(证信任与界信任之界),他们之间存在自然的安全顺序,符合图7的序位关系,任意两个界之间违反了这个顺序都会出现风险与灾难。在图7中,我们看到核对权力界之间可能存在交集,这是因为核对权力界本质上是主观的,各方都希望将权力界向对方的实体界移动以提高自己的安全性。这是万有斥力作用的结果。在核对权力界之间存在一个对冲衡界,无论是核对权力界还是他们的对冲衡界,都是标准,核对权力界代表了各方对对冲衡界的期待,而对冲衡界的事实存在即是本质标准。

在诸界中,信任界实际上代表了各方对对象当前本象界的认知,而标准,也就是权力界,则代表了各方对对象未来本象的预测。也就是说,信任界与权力界之间是同质异象关系,信任界是质量的象,其本质就是**显性质量**,而权力界是**演化里程碑**。当我们把这种理解与公式(1)对应起来时,即有公式(4):

$$权力界 = \cup [(信任界 \sqsubseteq 实体界)(1 + Evolution\_Step)] \quad (4)$$

标准质量循环本身存在收敛与发散两种结果。

定义11至13中的核对权力界,实际上代表了标准制定时相关方对本质标准认知的差异,或者代表在标准制定之后相关各方对标准的理解差异或策略性修正。这意味着同一项标准在不同人的心目中的认知可能完全不同,一个标准质量循环中有多少参与者,就会有多少核对权力界。只有当各方的认知与行为能够满足图7的序位条件时,标准质量循环才有收敛性结果,也就是各相关方之间能够达成合作。反之,只要任意一方认为条件不能满足,标准质量循环就会发散,意味着合作不能实现。

但是,一般情况下,一个新系统的界序都是不完全满足图7的条件的,当各方均有合作愿望时,才会通过妥协实现向图7界序的递归,也就是各方都以自己的实体界为基础,去探测对冲衡界,并将各自的核对权力界向对冲衡界递归。

事实存在的对冲衡界即是本质标准。而实际上这个界很难达到,也无法证明能达到,真正实现的是一个与对冲衡界很接近的权力界,这个界就是显性化的标准,这种递归收敛的过程就是标准化的过程。

只要存在这样的收敛机制,以质量(原始实体界和应用界)还是标准草案(原始权力界)作为初始输入条件其实都不重要。

对于不同的对象,标准质量循环的主导权并不相同。多数情况下,应用系统在形成权力界的过程中都拥有主导权,但主导权不是决定权,决定权永远在行为主体一方。[1] 主导权只表明应用系统在主动探测收敛阻力方面的主动性,也就是说,应用系统只可能成为这个循环的主动方而不可能成为真正的决策方,这是标准质量循环的自然原理与自然规律,企图对抗这个原理和规则,只会给宏观系统带来不可预料的后果。

缘信任递归由原始权力界和基本实体界进行比较而形成缘信任,缘信任通过主体的核按照核策略形成主观界,再用主观界形成虚拟实体界,之后与权力界再做比较,经多次循环后形成主体推界案(修正案一般情况下均体现各方的斥力[2],因此称为推界案)。

界信任递归由原始权力界与原始应用界比较而形成界信任,并进行递归收敛,这个过程由用户完成,并形成用户推界案(即由用户提出的标准修正案)。

证信任递归由虚拟实体界开始,通过虚拟(或类比)测量界、虚拟

---

〔1〕 无论客户多么有钱,只有供方同意交易,合作才可能实现。

〔2〕 讨价还价。

直映界和虚拟信任界同原始权力界比较而形成证信任,并由观察系统的核根据主体提供的缘信任和自己虚拟递归形成的证信任进行比较,形成观察推界案(即由观察系统提出的标准修正案)。

三种修正案经过谈判与多次信任循环递归,最终形成协议权力界(制定标准项目的审定稿)。这是一个标准质量对象的初期标准化过程。

由于万有斥力的本源性[1],一切均衡由斥力产生而不是由引力产生,因此,修正案以"主动推界"(即对抗)方式体现是正常的,而以"主动敛界"方式体现多数情况下是不正常的[2],其结果是使递归循环失去洞察力,无法接近本质标准而导向灾难与潜在风险。

一个新生对象的标准质量循环无论由质量还是基准引入,通常最终都以标准为第一个递归里程碑,这个阶段即是寻缘阶段,由于这个阶段尚未形成事实,因此只是标准质量循环的标准半周。

在寻缘阶段完成之后,开始进入质量半周,也就是导缘递归。在这个半周中,由缘信任开始到证信任结束是质量半周,中间经历两个大阶段:工程阶段和证明阶段。

工程阶段由缘信任始,经历主观界,最终完成导缘(实体界演化完成);

证明阶段由宣称界或实测界开始,经历直映界和信任界,最终形成证信任。

在前几个循环中,缘信任、证信任和界信任都是需要的,这便是图8的发展型模式,而经历了一定的循环之后,标准质量循环可以进入稳定循环阶段,除非应用系统发生改变,否则稳定循环阶段通常已不再进行界信任循环,而只在缘信任与证信任之间做递归,这便是成熟型模式。

所以图8中三种递归模式的转变,代表了一个标准质量循环系统由初生到成熟的必然走向,也代表了质量行为主体由证他觉悟(基本型)经历他证觉悟(发展型)到自证觉悟(成熟型)发展的必然过程。

---

〔1〕 自然中的一切力都是斥力的表现,斥力是力的本质。参见李俊昇:《自主论》,知识产权出版社 2015 年版。

〔2〕 多数情况下主动敛界都代表消极对抗、伪装、欺诈、以退为进、狙击偷袭等策略,因此本书对这种行为持不信任态度。

在《自主论》中,这种转变代表了一个系统由失参到异参再到真本参的发展历程。

根据质量半周所产生的不同界象,可以分别形成不同的质量本质:

【定义 14】 主观界对应的质量本质称为主观质量,具有象本质;

【定义 15】 实体界对应的质量本质称为事实质量,事实质量是本质质量;

【定义 16】 宣称界对应的质量本质称为宣称质量,具有象本质;

【定义 17】 实测界对应的质量本质称为实测质量,具有象本质;

【定义 18】 信任界对应的质量本质称为信任质量,具有象本质;

【定义 19】 应用界对应的质量本质称为应用质量,应用质量也是本质质量。

工程阶段的质量只决定于行为主体,是质量形成的内因与本质。证明阶段的质量以事实质量为基础,但最终以信任质量体现,这是因为异系统(观察系统和应用系统)都只有通过缘媒成象才能了解质量事实,而异系统要采取进一步行动(继续导缘或中止缘关系),只能根据证信任和界信任来决定。因此,质量的根本目的不是事实质量,而是界信任,为此,在进入标准质量循环后,行为主体需要了解整个质量过程,由界信任反推主观界而形成自己的质量策略。

三种循环模式在收敛性上有不同的表现,创新性较强的对象,收敛性不足,因此递归收敛(修改或修订)会比较频繁,标准的形态不稳定;随着递归的不断循环,收敛性越来越高,标准也会变得稳定起来,达到一定的收敛水平后,除非环境发生了变化,否则循环的频率就会放慢。而导致一个新循环发生的根本原因有两个:一个是应用界的变更;另一个是质量压力。

应用界的变更表达了新应用系统在功能逻辑或质量需求上的改变,以及价格方面的要求;而质量压力则表达了质量主体能力(技术)上和生存(收益)上的客观限制。两者是对立的关系。

多数情况下,应用系统都有无限制扩大自己权力界(即提高收敛性要求)和压价倾向,但过度推界会影响到其自身的信任水平(缘信任不足)。比如,图 7 的界序是以"非零"为前提的,而**"零偏差"**本身体现了界信任实现的不可能性,因为物质的本质就是不确定。因此,"零偏差"的本质是应用系统的**绝对先天违约**,恰恰体现了应用系统自身的**低格调**,因此难以形成缘信任,最终会被有觉悟的质量主体抛弃,剩下的只有更没有格调的"骗子主体"。因此"零偏差"系统本质上是由骗子导演并参与的"欺骗大赛",最后被骗的是导演自己。

若论"零偏差"之有无,有!自然之道是"有零非零",即是说零始终存在,但不能证实,真正的"零偏差"是筛选出来的而不是造出来的。因此,说"零偏差"存在是没有错误的,达成"零偏差"也并非没有可能。但达成"零偏差"有条件的,只有在下述三个条件完全满足时,才能确保达成"零偏差"并证实其达成:

1)无限均匀样本:是指样本要能够切实保证抽样区间覆盖了零,并且**在任何点上**都有样本分布,举例来说,要想在一座山上找到钻石,先要保证山上有钻石。

2)唯一需求样本:是指所需要求取的对象是极有限的,不相容原理告诉我们,零只有一个,不可能有两个"零偏差"并存,也就是说,无论有多大的样本,"零偏差"也至多只有一个,如果想要两个"零偏差",是不可能达成的。

3)筛选工具自身是"零偏差":是指评价系统自身的收敛度必须高于对象的收敛度,如果要求对象是"零偏差",评价系统自身只能是"零偏差"[1]但假如真的存在这样一个评价系统,那么其自身已经占据了"零偏差"的位置,也就不可能再存在一个供使用的对象"零偏差"样本,也就是说,"零偏差"是:**有证非真,是真无证**。

上述三个条件中的任何一个没有满足,都不能证明"零偏差"达成,不过恐怕连上帝也无法同时达成这三个条件。事实上,能够提出"零偏差"这个要求本身,就证明提出要求的系统是物质而不是时空,它一定是非零的,根本没有资格证明"零偏差"的达成。因此,"零偏差"本身即是悖论。

这里我们需要指出一个概念误区,"零偏差"与管理学上的"零偏差管理"不是一个概念,不应混为一谈。"零偏差"是指事实偏差为

---

〔1〕 没有德行的人是没有资格评价他人的德行的。一切有德行的人,都首先承认自己"非零",而称比自己更靠近零的人"有德"。而"忠诚"这个词汇,则是由缺乏德行的人(不承认非零事实,而硬把自己或某个具体的人或事标榜为"零")创造出的"伪德行"。

零、绝对不偏或没有偏差;而"零偏差管理"是一种以"零偏差"命名的"行为管理模式"而不是"以零偏差为要求",它是指在发现偏差时,要完成一个由**查明因果、复现证明因果、提出防范措施、证明措施有效、证明措施被正确执行**五个环节组成的演化循环,本质上就是以"可见偏差"为根据的一次"界缘递归",这种管理思维是以承认"零偏差"的不可证性为前提的。

这里所说的概念误区,是指很多管理者并没有研究"零偏差管理"的概念内含,只是望文生义,用"零偏差事实"去解读"零偏差管理"。

任何质量过程的收敛都需要消耗能量,价格方面的问题同样会让主体拒绝提供服务而导致缘关系中止。

有人认为标准越严格越好,质量越高越好,这是一个误区。标准质量递归收敛的极限是**收敛悖论**,只要标准本身触及收敛悖论,即形成**相对先天违约**,无论是绝对先天违约还是相对先天违约,其结果都是标准质量递归出现断环而失去存在的价值。标准质量递归的过程,本质上是探测收敛悖论的过程。

2.1.3 觉策略与悟策略

为了避免触及收敛悖论而导致先天违约,不同的阶段宜采用不同的递归策略,一般是由**觉策略**逐渐转化为**悟策略**。

觉策略是标准质量递归的主要策略,这种策略不是根据事实因果来了解收敛悖论,而是通过主观因果(觉,各方的主观判断)来了解收敛悖论,此时收敛悖论对各方来说都是模糊的,需要通过对收敛阻力的觉察来仔细体会,以图逐渐趋近合理值而避免灾难的发生。觉策略的方法表达为"谈判"、"惯例"和"功能考核"等宏观方法。

"惯例"是处于觉策略收敛中的标准的典型体现,是多数标准的形态,表达的是对象的"既有概率性均衡",既不表达最佳,也不表达最差,而是一种对象固有的分布性表达。

悟策略主要在标准质量循环的后期采用,是递归的最终目标,这种策略是根据事实因果或事实逻辑(悟、技术或科学的证据)来了解收敛悖论,此时收敛悖论对各方来说都是清晰的(概率分布奇点化),代表了标准质量收敛的极限。悟策略的方法表达为"过程性证明"。

虽然悟策略获得的收敛悖论具有最高的信任度,是对象成熟的标志,但也同时意味着其过度接近收敛悖论,存在必然的风险。这种风险在市场中的表达是:由于对象的事实因果非常清晰,降低了入行的技术门槛,此后的竞争将是残酷的价格竞争方式或包装(欺骗)竞争方式,会迫使行为主体不断压缩标准的收敛性与收敛悖论之间的缓冲带或弹性区(足够的余度),使对象失去弹性,则整个系统由**风险性收敛**向**灾难性收敛**逼近;即使保留了缓冲带或弹性区,由于质量主体已经没有余力进行新陈代谢,自然衰减也会导致可预见的自然死亡,这种情况体现为对象"失去市场潜力"。

在悟策略阶段,"零偏差管理"本身就可能是促成系统自然死亡的直接诱因,因为完成一次递归循环的成本可能远远超过了递归本身的价值,因此,对于关键的稀缺资源系统,"零偏差管理"本身就是杀手。

使用"零偏差管理"对待稀缺资源,在中国的古语中叫做"暴殄天物"[1],是严重失德的行为,最终会失去人心。对待这种资源应采用"保护性管理"策略。"保护性管理"代表:

1)首先"无条件接受关键系统的偏差事实";

2)通过其他辅助系统对关键系统实行保护;

3)尽可能使用替代资源,降低关键系统的负荷和使用频度,以避免其非必要的损失。

建立在"零偏差事实"理念下的管理系统是一颗不定时炸弹;而没有"保护性管理"的"零偏差管理"系统是一个加速衰竭系统;只有能够在"保护性管理"与"零偏差管理"之间正确结合的管理系统,才是一个成长或成熟系统。

因此,进入悟策略递归阶段的标准质量递归,对象实际上已经开始进入衰退期,需要建立在新的收敛悖论上的类似功能系统来代替它,也就是需要"原理性突破"。所以,收敛悖论既意味着死亡的必然,也意味着浴火重生的可能性。

可以这样说,标准质量循环的整体是工程;觉策略阶段,是标准质量循环的科学阶段,这个阶段的递归频繁而抗力并不大,所解决的都是重权因果,概率性很强;悟策略阶段是标准质量循环的技术学阶段,递归周期延长而趋于稳定,主要集中于质量诸因果之间的互影响问

---

〔1〕 粗暴对待上天的赐予,必定要招至灾祸。

题,轻权因果的影响力逐渐显性化,概率性因果下降,偶然性因果上升。所以说科学是前质量学阶段,技术学是后质量学阶段。

在前质量学阶段,发生偏离时的调查结论一般是"务求解决";但在后质量学阶段,发生偏离时的调查结论却常常是"接受结果"。代表后质量学阶段对偏离已经无能为力或已无改进的价值,需要在原理上有所突破。

所以,进入技术学阶段,标准质量对象已经进入老年期,需要的是新生而不是继续收敛。

通常情况下,宏观系统比微观系统具有更大的策略空间,可以在不同微观系统间进行递归,宏观系统在功能因果上的正常演化,也会给具体的标准质量系统提供较为宽松的环境,这是因为宏观系统总是比微观系统更靠近科学阶段,而微观系统总是比其宏观系统更靠近技术学阶段。如果宏观系统不能给微观系统提供这样的环境,则表明宏观系统在功能因果上的演化不正常,或者宏观系统自身也走入了衰败期。越是宽松的环境,质量压力越小,资源供应越充分,成本越低。因此,当环境变得宽容,标准质量向发散方向递归更有意义。同一个工程系统中,不同对象的标准质量循环之间,宜向自然的效应均衡(本质标准)递归,即泛集理论中所说的界本参策略,体现在宏观评价准则上,当以最佳效费比为准则,而不是以对象的先进性为准则,因为先进性本身即代表向收敛悖论的趋近。

总体上来说,价值、价格、需求量和收敛性之间是复杂的递归优化关系,标准质量循环以尽可能适应对象固有的优化状态为佳,而不是以"严格"、"刚性"或"绝对收敛度"为准。

因此,**对标准的"先进性"评价是一个误区,甚至是一种"过失",以先进性为原则的标准评价准则意味着遭遇收敛悖论的必然性,最终会导致一场宏观灾难,标准质量循环永远以"可接受度(率)"为评价准则。**

可接受度(率),最低限度上是可获得率、价值与价格三者之间的均衡,并且三者都是界关系:

1)可获得率以需求量为下界;

2)价值以应用界为下界;

3)价格以供方的心理价位(供方下限价)和需方的心理价位(需方上限价)为界。

其中,应用界(功能下界)与可获得率是核心,他们之间是有直接关联的,很多情况下,可获得率相对应用界呈现正态分布特性,如图9。先进性表达应用界(可接受度)向零的无限制运动,可获得量(图中阴影部分的面积)会越来越低以至于根本无法达成结果。

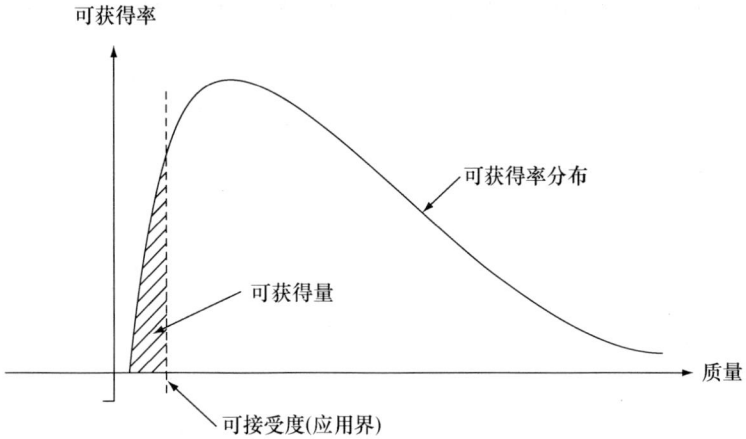

图9 可获得率与应用界的关系

根据对象的不同,标准质量循环系统本身没有规律性收敛的必然性,可以是规律性收敛系统,可以是离散性收敛或密码效应系统,都需要根据具体的对象和相应的技术原理来确定,而没有一定之规,需要参与者细心地体验与感悟。

2.1.4 原模型

下式是在《自主论》中提出的界缘递归模型。

$$\begin{cases} E_T \Rrightarrow e[R_{T-m}] \\ R_T \Rrightarrow r[E_{T-n}] \\ A_T \Rrightarrow E_T \bowtie R_T = (e[R_{T-m}]) \bowtie (r[E_{T-n}]) \end{cases} \tag{5}$$

由于质量的本质是界,标准的本质是缘,因此,上式中的 E_T 和 R_T 分别代表了质量与标准。为了更符合标准质量系统方面所形成的习惯,我们用另外两个指针符号去代替界缘递归中的泛集指针符号,从而形成标准质量递归模型,即分别用"Q、q、S 和 s"代替"E、e、R 和 r",则有:

$$\begin{cases} Q_T \Rrightarrow q[S_{T-m}] \\ S_T \Rrightarrow s[Q_{T-n}] \\ A_T \Rrightarrow Q_T \bowtie S_T = (q[S_{T-m}]) \bowtie (s[Q_{T-n}]) \end{cases} \tag{6}$$

式中：

A——标准质量对象指针；

T——观察时间点；

m 和 n——质量循环周期和标准循环周期；

Q——对象的质量泛集，是对象的事实质量和本质质量；

S——对象的标准泛集，是对象的本质标准（对冲衡界）而不是标准缘媒（参实例，传统标准概念）；

$q[\ \ ]$——对象的质量核函；

$s[\ \ ]$——对象的标准核函。

这个表达式即标准质量递归的**原觉模型**和**规律模型**[1]。

考虑到原观察原理的因素，下述模型更符合界缘递归的本质因果：

$$\begin{cases} Q_T \Rrightarrow q[mm_{T-m}, mS_{T-m}] \\ MQ_T \Rrightarrow [mq_T : mq_T = f_Q[Q_{T-}]] \\ B_T \Rrightarrow b[mq_{T-n}] \\ MB_T \Rrightarrow [mb_T : mb_T = f_B[B_{T-}]] \\ S_T \Rrightarrow s[mb_{T-k}, mu_{T-k}] \\ MS_T \Rrightarrow [ms_T : ms_T = f_S[S_{T-}]] \\ A_T \Rrightarrow Q_T \bowtie S_T = (q[mm_{T-m}, f_S\{S_{T-m-}\}]) \\ \qquad \bowtie (s[f_B[b[f_Q[Q_{T-n-k-}]]], mu_{T-k}]) \end{cases} \tag{7}$$

式中：

Q——事实质量和本质质量；

mm——主观质量，代表了标准质量对象的微观收敛悖论；

MQ——宣称质量或实测质量；

$f_Q[\ \ ]$——质量信用核函，代表了质量主体（宣称质量）的人格或观察方（实测质量）的先天传承；

---

〔1〕 规律模型，指其仅是现象表达。

B——信任质量,是观察方对宣称质量或实测质量的策略性修正;

$b[\ ]$——观察信任核函,是观察系统的质量修正策略,代表观察方的后天传承;

MB——观察方的宣称信任质量,是观察方在信任质量的基础上形成的对外宣称的信任质量,通常以质量报告、认证结论、资质证书等形式体现;

$f_B[\ ]$——观察信用核函,代表了观察方的人格;

S——本质标准,代表了标准活动的根本目的和对象本有的收敛缘界;

mu——应用质量,代表了标准质量对象的宏观发散悖论;

MS——标准缘媒(标准法 + 标准器),是本质标准的显性表达或缘媒表达;

$f_S[\ ]$——标准的信用核函,代表了标准缘媒与本质标准间的综合认知偏差,是标准质量对象所有参与者整体能力与人格的综合表达。

式中的小写字母,均代表媒泛集的若干实例。因此主观质量和应用质量都是媒泛集,对本泛集来说都是层(解集)观察体现而不是本质体现,代表的是收敛悖论与发散悖论之间的法界,其内侧是收敛悖论的本质界或风险界,外侧是收敛悖论的本象界(也是发散悖论的本质界或风险界[1]),是微观与宏观的风险均衡点,这个法界过度偏向哪一方,最终都是宏观的灾难与风险。

这个表达式即标准质量递归的**原悟模型**和**原理模型**[2]。

原悟模型可以用图 10 来做一形象化表述。

原悟模型实际上代表图上由左向右的递归半区(对象递归),由 mm 到 mu 结束,实际上,应用系统(图上的右半区)具有对称的递归原理,两者存在一个不定区间(MB 到 MB'),这个区间的两个界域是互为参照的(MB 即 mu',MB' 即 mu)。由于存在这样一个不定区间,因此本质标准是隐性的,而标准缘媒(MS 和 MS')实际上代表主客体之间可能达成妥协的范围,而在 MQ 和 MB 之间(或 MB' 和 MQ' 之间)则分别

---

〔1〕 本质界和本象界是以观察所在确定的:对宏观视角来说,法界的内侧是本质界;对微观视角来说,法界的外侧才是本质界;对异观视角来说,质象本是相对的,主动为质,被动为象。

〔2〕 原理模型,指其为因果表达。

観察系统

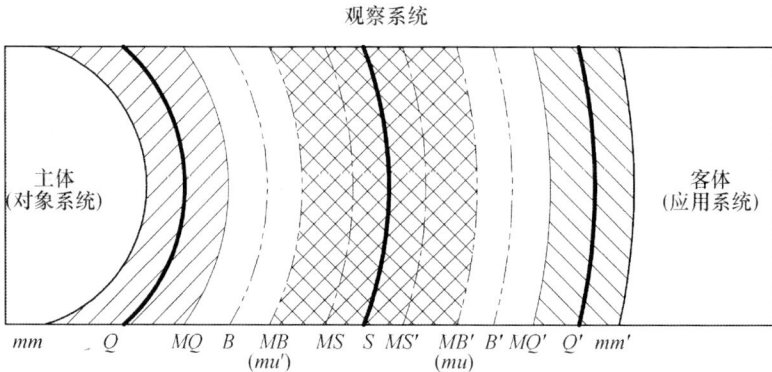

主体
(对象系统)

客体
(应用系统)

mm　Q　MQ B MB MS S MS' MB' B' MQ' Q' mm'
　　　　　　　(mu')　　　　(mu)

图 10　原悟模型图

是主客体与观察系统之间的妥协范围。

　　MQ 以左是质量行为主体的私密区间,也就是对象事实界的范围,因此在 mm 与 mu 之间的递归只有质量行为主体才能实现,这就是缘信任递归;MQ'以右则是应用系统的私密区间,因此在 mm' 与 mu' 之间的递归只有应用系统才能实现,这就是界信任递归;只有 MQ 到 MQ' 之间是真正显性的,可不依赖于主客体实现递归,这就是证信任递归,可以委托第三方代劳。本质标准 S 是主客双方事实存在的最佳衡点,而标准缘媒 MS 或 MS'代表了一个各方均可接受的 S 的模糊范围。

　　在图中,两个本质质量 Q 和 Q'是当前质量红线,代表主客体双方的当前事实冲突,mm 和 mm' 是未来质量红线,代表主客双方心理上的妥协底线。实际上,S 所代表的是 mm 和 mm' 之间的效应(力学)均衡。

　　MQ 和 MB 之间(或 MB' 和 MQ' 之间)的范围是受具体时间点上的最高测评技术制约的,因此当主客体的本质质量之间的间隙很小时,MQ 和 MB 之间(或 MB' 和 MQ' 之间)的区间可能小于当时的事实测评能力,此时的证信任结果是概率的或模糊的。

　　本质标准 S 与标准缘媒 MS(MS')的策略学区别在于:本质标准是隐性的,即"隐规则",代表对象演化的物理法界或自然法界的界象,无论对哪个观察系统来说他都是本象的体现,在观察系统中体现为直映象;而标准缘媒则是显性的,即"显规则"或约定权力界,是基于直映象的解算界象和携带解算界象的缘媒本身,代表标准质量系统的知识性和方法性传承或者交流,源于标准质量系统而非源于对象,是策略映象。本质标准是真,标准缘媒是伪,标准缘媒天然有解象误差。

标准缘媒包括两类：

1）**标准法**，即法律与传统标准的概念总和，以其记载的对象缘标发生作用，是有标缘媒和"以象为法"的形式。

2）**标准器**，即一切以工具方式体现的标准，如标准物质、标准工具、标准设备和标准器材等，以其自身的缘媒缘标发生作用，主要是零标缘媒和"以身为法"的形式。

目前的标准化理论中，"标准"实际上只是指"标准法"中的"技术标准"，是通过象解算形成的文字型缘标或符号型缘标的载体，而不是本质标准。本书中所说的标准，是本质标准与标准缘媒的全部，本质标准以觉悟（策略论）形式体现，标准缘媒以解算界象（策略或方法）形式体现。

2.1.5 递归特征

在标准质量递归中，标准半周与质量半周具有不同的特点。

质量半周是实证半周，其运动是由内向外的在维运动，始于 mm，终于 mu，其中的 Q、MQ、B、MB 都是不可逾越的；标准半周是觉悟半周，其运动是由外向内的超维运动，始于 mu，中间借助 MS 为载体，从另一个维度越过 Q、MQ、B、MB 而直接终于 mm。

由于存在对 Q、MQ、B、MB 的超越运动，因此标准半周的周期要比质量半周短。

在这两个半周中，质量半周是求证半周，清晰而不可变，但他只能针对过去与现在的状态，而不可能改变这些状态。标准半周是觉悟半周，可变而不清晰，但他可以描述未来。这意味着质量半周对人员觉悟度的要求远低于标准半周，一个合格的标准化人员一定是在科学（知识）、技术（训练）、质量（质性觉悟）三个层次上都具有很高造诣的人，是最高层级的工程学家。

2.1.6 标准质量活动的核心

由原悟模型，我们可以得出这样的结论：在具体的标准质量工作中，最核心的内容，是揭示三种媒核函而形成互信，而形成这种互信的最可信赖的输入是宣称质量与实测质量之间的互参结果。

宣称质量可以提供核象（即现代质量理论中的过程质量），是原悟

模型中 mm 的伪象,其置信度主要决定于质量行为主体的人格水平,但实测质量不依赖于质量行为主体的人格水平,而依赖于观察系统的先天传承。先天传承是不可改变的,但人格水平可以改变,因此,具有很高人格水平的质量行为主体的宣称质量比实测质量更可信。[1] 所以,信任质量的形成是宣称质量和实测质量互参递归的结果,只会使用实测质量的系统是没有什么发展前途的。

2.1.7 双参性

如图11。所谓双参性,是指本质质量与本质标准的核函都有两个相互对抗的核参:本质质量的本参是主观质量 mm,异参是标准缘媒

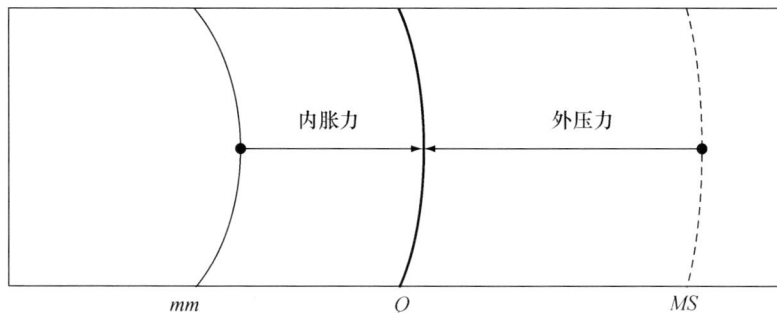

(a)本质质量的双参性

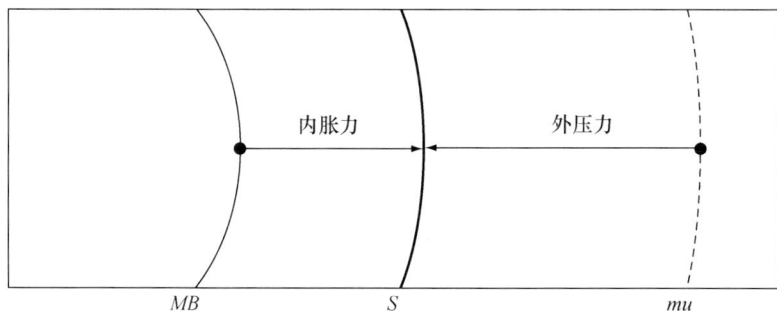

(b)本质标准的双参性

图11 双参性

---

[1] 质量行为主体的人格即职业(专业)道德,此可见的行为更可信。所以最高级的信任是:"不要看他做什么,而要看他想什么。"

MS;本质标准的本参是宣称信任质量 MB,异参是应用质量 mu。这种双参特性,是"界"存在之因。[1] 构成界的动量来源分别是界内膨胀动量(核函,微观生存需要)和界外收缩动量(宏观生存需要),这种动量守恒关系即是形成递归的根源。

　　界的双参特性使界产生两种演化趋向:一种是"界异"演化;另一种是"界本"演化。两种演化之间也是动量守恒的。如图 12。

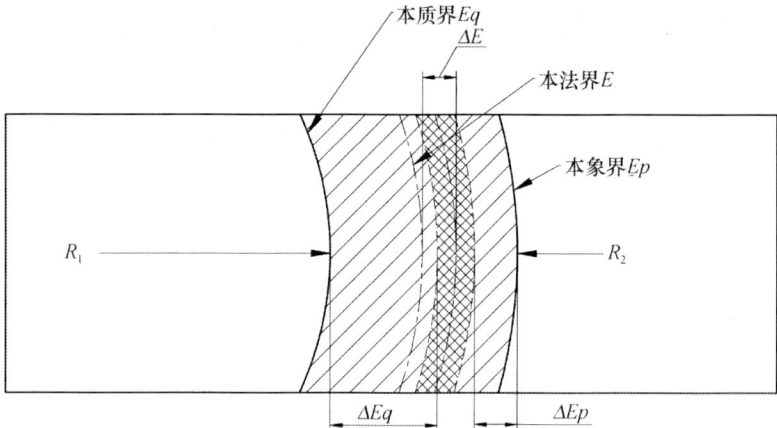

图 12　界本与界异演化

　　所谓**界异演化,**是指界作为一种法界(悖论)存在时,以界异(内缘 MB、外缘 mu)为参照系的演化特征,体现为界的宏观运动(隐性,表达类时空特征);

　　所谓**界本演化,**是指界作为一种物质存在时,以界本(本质标准 S)为参照系的演化特征,体现为界的微观运动(由隐性向显性,表达类时空向物质演化)。

　　界异演化体现为界作为法则(悖论,本质标准)的运动方式(界的外动量守恒),如果内部膨胀动量和外部压缩动量分别为 R_1 和 R_2,那么:

$$界异演化 \Rightarrow \Delta E = \frac{(\overrightarrow{R_1 + R_2})_t}{m_E} \tag{8}$$

---

[1]　见《自主论》,界具有衡本质。

式中：

m_E——界本宏观物质量,本质上是界本身的宏观惯性;

t——目的时间,代表一个未来时段。

式(8)实际上体现了在界的应用中,界本身的规模同对象或其应用系统的总体规模相比很小,因此可以以法界方式表达,体现主客系统动量的对冲(动量差)作用,对于主客系统的观察来说,界异演化显现界自身的整体移动或界致代谢。[1]

因此:**界异演化代表了标准质量的实践、功能或标准质量系统的服务特性。**

界本演化则体现为界作为物质(界物理,标准到应用质量)的运动方式(界的质象动量守恒),有:

$$界本演化 \Rightarrow (\Delta E_q + \Delta E_p) = \frac{\overline{(\mathrm{Min}(R_1, R_2) + r)_t}}{m_e} \qquad (9)$$

式中：

m_e——界本微观物质量,本质上是界本身的微观惯性;

r——界本发散动量,代表界存在本身的膨胀动量。

t——目的时间,代表一个未来时段。

式(9)实际上体现了界本身,界是宏观系统,是有势(非零)的,因此不能以法界方式表达,而至少应以云界方式表达,体现主客系统动量中的最小值同界存在本身的膨胀动量之间的对冲(界存在的内外动量差)作用,对于界系统自身来说,界本演化显现界存在本身的收敛运动或素致代谢。[2]

因此:**界本演化代表了标准质量的学业、训练或标准质量系统的能力特性。**

界本演化表明界存在本身有成本特性,其中质量的界本演化成本属于质量主体和客体,而标准的界本演化成本属于标准化专业研究机构。

将对象的界本身作为一个对象研究时,同样具有原觉模型和原悟

---

〔1〕 参见《自主论》相关章节。
〔2〕 同上。

模型的递归特质。作为标准质量的学术研究,发现"界本演化"的收敛特性是一项重要任务,这项研究对于工程的临界和破界实践具有很重要的现实意义。

2.1.8 传递性

所谓传递性,是指原悟模型是"在层"模型,也就是对象的一次解集模型,其外界是应用质量,内界是主观质量。也就是说,当我们向宏观超越对象界时,所看到的是以应用质量 mu 体现的标准缘媒 MS;当我们向微观超越对象界时,所看到的是以内部标准(式中未出现)体现的主观质量 mm。从中亦可以看出标准与质量的一体性和递归特性,从内部向外观察的对象界是标准缘媒 MS(体现为演化的本质界),从外部向内观察的对象界是应用质量 mu(体现为演化的本象界),两者之间的差集即是对象"界"的自身悖论(体现为本法界和本质标准),可以看作对象的界亦是非零或有宽度的。同样,从内部再向内观察的对象界是诸主观质量 mm(一次解集实例的本象界),穿越微观系统界将发现这些 mm 表达为内部标准(一次解集实例的本质界)。

原悟模型的传递性可用图 13 直观表述:

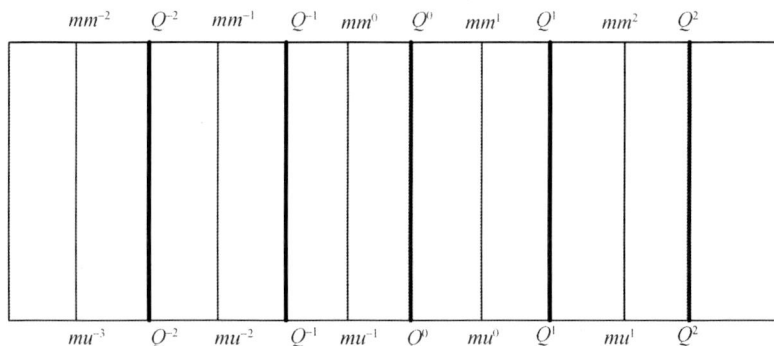

表格上方标注:mm^{-2} Q^{-2} mm^{-1} Q^{-1} mm^{0} Q^{1} mm^{1} Q^{1} mm^{2} Q^{2}

表格下方标注:mu^{-3} Q^{-2} mu^{-2} Q^{-1} mu^{-1} Q^{0} mu^{0} Q^{1} mu^{1} Q^{2}

图 13 传递性

也就是说,一个对象的本质质量,实际上是由主观质量和应用质量的动量均衡形成的,一个对象的应用质量,对于其宏观系统来说即体现为主观质量。因此,我们可以将主观质量与应用质量视为同一事物的两种观察角度,因此可以用图中的指数方式去表达,指数为 0 时表达当前对象的本质质量(Q^0)、主观质量(mm^0)和应用质量(mu^0),指数为负表示向对象核方向的移层(越界),指数为正表达向应用系统核方向的移层(越界)。当我们由当前对象向宏观和微观两个方向延伸时,本质质量与主观质量或应用质量是交替排列的。

界具有三种观察特征:法界、云界和栅界。[1] 在宏观视角中,微观界一般体现法界和云界特征,他们均体现对界内事物的遮挡作用,因此,从宏观视角只能观察到界而观察不到内部的缘运动;而在微观视角中,宏观界均体现栅界特征,意味着界只体现离散的物质特征而不体现界特征,是看不到的。但微观视角可以通过特殊的有标缘媒(标准缘媒)所提供的界象来了解界。

质量的本质即是界,标准的本质则是缘,因此,站在宏观角度,所看到的总是质量表现,而看不到标准对质量的影响;而站在微观角度,所看到的总是标准,却看不到真实的质量。站在宏观角度,只能看到最近的质量;而站在微观的角度,却可以看到几乎所有层级的标准。

也就是说:质量对于微观来说是完全透明(见而不觉)的,而对于宏观来说却是真实的障碍;标准对于微观来说是易见的,而对于宏观来说却是被隐藏(觉而不见)的。

标准与质量的这种观察特征,是影响工程目标实现的最根本原因,所以笔者认为,标准质量策略是工程的最根本策略和最高层级的策略。

同时我们还可以看到,界的内外观特征,显示了宏观视角中,标准在递归循环中的物质属性与法器属性,以及质量在递归循环中的观察属性。因此,搞好质量的根本是抓标准,也就意味着标准化工作的主要方向是悟、方法、过程、工具和技艺。而搞好标准的根本是观质量,也就意味着质量工作的主要方向是觉、实证、科学和人格。

但是,标准质量的觉悟与其工作或研究的相对关系不同:标准是先觉悟而后行动,因此体现技艺、方法、工具和过程这些本质(实)特性,是在本之真;而质量是由行动而得觉悟,因此体现实证、科学和人格这些观察(虚)特性,体现在异之真。也就是说,标准是缘,却代表本质;质量是界,却代表本象。

---

[1] 详见李俊昇:《自主论》,知识产权出版社 2015 年版。

同样,质量的观察本身作为研究对象时,也符合原觉模型和原悟模型的递归特质,这是评估、评价学和计量学研究的主要任务,计量学主要研究质量信用核函 $f_Q[\quad]$,而评估、评价学则主要研究观察信任核函 $b[\quad]$ 和观察信用核函 $f_B[\quad]$。可见,计量学和评估、评价学都是标准质量学的具体应用,是标准质量学的传承领域。计量学以标准质量学为主继承,以技术学和物理学为辅继承,以器(标准物质与测量器材)为传承;评估、评价学以标准质量学为主继承,以其他工程学(预测学)和数学(概率论、模糊论、拓扑论等)为辅继承,以法为传承(统计学方法、预测学方法)。

本节所提出的原觉模型和原悟模型都是单缘模型,在具体的实践中,需要在此基础上形成多缘模型,以及针对多缘模型的策略。也就是说,每一个对象的界都不是由一个界元构成的,而是多界元共同形成一个封闭图形,这个图形上只要有一个足够大的缺口,其他界元的存在都没有意义,因为力的均衡已经无法维持,本质即会丧失。所以,**任何一个具体的标准质量活动,都是一个对象全界的有机组成部分或维度,是整个对象甚至其宏观系统的演化在具体时空中的效应均衡体现,而不是一个孤立的存在,一旦这个局部或维度与相邻界栅差距过大(包括落后与超越),便会使全界失缘断链而导致灾难性的后果,这印证了标准的"先进性"评价是"误区"或"过失"的结论,甚至说它是"罪恶"也不为过。** 如何从整体的角度发现这些自然均衡点(本质质量和本质标准),并引导全界向符合目的的方向演化,是标准质量学的主要目的和研究的核心。

2.1.9 标准质量族

笔者在 2009 年曾经提出过"产品族标准"的概念,当时仅仅是一种感觉,而没有形成清晰的概念,现在笔者认为可以用基于主体论的泛集去定义并扩展这个概念,它应该是一个符合标准质量递归悟模型的多缘多层次嵌套递归的系统,即:

【定义 20】 对象标准质量族是由对象质量全集 Q 和标准全集 S 之间建立的参回归系统,表达为:

$$A \Rightarrow Q \ltimes S \qquad (10)$$

由这个总概念分离出另外两个概念:

【定义 21】 对象质量族即对象的质量泛集 Q。

【定义 22】 对象标准族即对象的标准泛集 S。

标准质量递归本具自然加权性"$\Delta A \in \eta_a \cup (\Delta a \bowtie (A \Rightarrow \oplus \Delta a))$"，他使对象质量族 Q 和对象标准族 S 都有自然加权性，标准质量活动根本上是发现这些自然加权特质"$\Delta q \bowtie (Q \Rightarrow \oplus \Delta q)$"和"$\Delta s \bowtie (S \Rightarrow \oplus \Delta s) \bowtie Q$"，并以基于这个自然加权特质的**有限策略偏离**"$\Delta S \in \eta_s \cup (\Delta s \bowtie S \bowtie Q)$"来诱导自然法界的改变"$\Delta Q \in \eta_q \cup (\Delta q \bowtie Q)$"，使其符合对象的自然加权性"$\Delta A \in \eta_a \cup (\Delta a \bowtie A)$"。这个有限策略偏离是标准化活动的重要原则，违反这个原则的标准是难以被质量主体的缘策略所选择的。式中的 η_a、η_q 和 η_s 分别是对象演化权重、质量演化权重和标准演化权重，代表了相应族核函中的分布演化项占全族总体的比重。

当对象标准质量族向无限时空方向扩展时，即]A[$^+$，标准将会趋同而反过来影响对象质量族 Q(也即]A[^{0})，使质量行为主体的缘策略发生演化，这种演化最终是以选择压的方式通过主观质量]A[$^-$ 实现的。参回归原理告诉我们的是，主观质量的抗力(惯性和惰性，是整个世界存在的根本)，在有限时空中永远大于应用质量的挤压力(标准质量循环的黄金规则)，而在无限时空中永远小于应用质量的挤压力(传承，是整个世界繁衍的根本)。

由于物质系统的动量本质，标准质量模型中的所有泛函都是可集性(破界)、可变性(近界)与可函性(远界)一体的，即使是在单缘模型中，也不是单纯用代数法可以解决的。从方法学和工具学角度说，仿真法和神经网络算法才是进行数学解决的有效方法。

通过悟模型，可以向宏观和微观方向发展成多次成集与解集模型，使不同的层级之间有机地结合起来。

2.2 递归策略

递归因于策略，**策略的本质是对内外缘的主观应对方案**，应对改变，首先要以对内外缘未来状态的预判为根据，而这种**预判即是信任的本质**，所以，**一切策略基于信任，一切策略的根本是信任策略**。

标准质量递归中包含三类信任策略:缘信任策略、界信任策略和证信任策略，分属三类主体。

1）缘信任策略的主体是质量行为的主体系统，也就是递归中的供方。

2）界信任策略的主体是质量对象的应用系统，也就是递归中的需方。

3）证信任策略的主体是质量对象的观察系统，也就是递归中的观察方（可以是供需双方中的任一方，也可以是第三方）。

当前在评估、评价领域，通常用一方、二方和三方的概念。一方对应标准质量递归中的主体方，也就是供方；二方对应标准质量递归中的应用方，也就是需方；三方则对应标准质量递归中的第三观察方。过去，观察方一般即是应用方，随着市场化的发展，第三观察方作为专家系统和公证人的角色在多缘市场中开始发挥越来越重要的作用。

在学术层级上，策略是方法论，表达了对象本质的觉悟。

从系统的资源需求上，标准主要体现悟（缘质），质量主要体现觉（界在），而觉悟是建立在知识的基础之上的。

因此笔者认为：标准和质量体现工程人员的策略层特质，合格的标准质量人员不是教出来的，也不可能教得出来。标准质量系统是由有实践经验的技术专家（由知到识），通过质量专家（由识到觉）阶段自主提升，达到标准化专家（由觉到悟）的层次而自然形成的多层次工程策略专家系统，因此工程的标准质量系统应起到"工程智囊团"或工程的"参谋长联席会议"的作用。

在策略上，任何一方参与其中的根本目的都是自身的生存（意识利己），而手段上则是采取符合他系统目的的行动（行为利他）。利他是因，利己是果，种因得果，这是递归的正则表达。

从策略弹性上，利己表达为对抗性（力），利他表达为妥协性（能）。因此在标准质量循环的初期标准化阶段，以不同主体间的对抗性为主，妥协性为辅；在初期质量阶段，则以对外妥协性和对内对抗性为主。而在此后的循环中，主要体现多方均衡，即相关各方向等均衡会让（界本参策略）演化，这种会让建立在对收敛悖论认知不断清晰的基础上。这也是标准质量在微观上主要体现标准表达，在宏观上主要体现质量表达的一种解读方式。这种策略即觉策略。

标准质量循环的传递性特征，使得系统在微观上体现为标准，宏观上体现为质量，这是自然原理，不可对抗。这个原理在工程策略上表达为**"观质量,抓标准"**而不是**"观标准,抓质量"**和**"观质量,抓质量"**。

由于**"观质量,抓标准"**的总体策略直接源于标准质量的原悟模型,是一切标准质量原则之祖,因此我称之为标准质量的**本初原则**或**元原则**。他不仅是标准质量的木初原则或元原则,也是一切工程策略的本初原则或元原则,因为标准质量策略是一切工程策略之本。

所谓观质量,是说质量状态是客观现实,是果,只能看不能动,主观上只有了解、选择与接受而不可能改变。

所谓抓标准,是说质量的未来存在可影响性,而影响质量改变的因即是标准。

所谓**"专家务因,庸人务果"**。"观质量,抓标准"是务因策略,是达成结果的正确策略;"观标准,抓质量"和"观质量,抓质量"都是务果策略,不可能达成正确的结果。

在一个新事物诞生之前,界本身的收缩挤压作用有时是"孕育"的主因,而在事物诞生之后,内缘(核)的引界作用(同化缘)才是收敛的主因,这便是采用"界缘复合法"的因果。

界收缩挤压本身并不"生缘",只能"促缘",即只是提升了有缘类时空中的得缘概率,并为有缘系统间相互破界提供了额外动量。但界收缩促缘的前提是界内类时空中存在符合工程目的的缘,一旦类时空中本具的缘质违反工程目的,挤压不仅不能得缘,还会反过来破坏工程系统。

制造人造钻石利用的即是界收敛挤压法,能够制造出钻石,根本上是界内有形成钻石的缘——碳元素,这是通过采用高含碳量的工质(如石墨)实现的,如果放在挤压模中的工质不是石墨而是硝酸铵,那么不仅造不出人工钻石,还会把一切都炸平。

婚介所即是一个以促进婚姻为目的的工程系统,交友聚会即是界挤压实例,单身男女在这样的聚会上因为缘密度提高而有了更高的得缘机率,但前提是有缘,即聚会的参与者中,男女比例要有一定的均衡度,如果这种比例严重失调,婚介所就要等着吃官司。

很多创业者根据自己的艰苦奋斗的经验,企图通过"压力"来提升质量,这其实是一个观察误区。创业者创业成功,首先是因为其自身具备创业之缘(觉悟),其次才是界的挤压作用,也就是创业者自身能够"自己给自己压力"。但具备这种觉悟的人在整个人群中的比例几乎是无穷小，而质量工作恰恰就是需要人群中的另一部分（未觉悟者）参与的，他们之中的绝大多数人本身并不具备**"质量觉悟"**，是无缘系统，压不出质量来。

界的挤压作用在创生（建立实体）时有效，但质量本身是以实体为前提的，事物诞生之前还没有产生质量，因此宏观挤压作用不是标准质量循环的主因。相反，宏观挤压作用却是灾难（压缩型演化危机[1]）的主因和欺骗的主因，内缘致动才是质量提升的主因。要达成内缘致动，先要使作为异参的标准被质量主体选择为本参，这就要求标准比主体的既有本参更值得信任，否则是白费力气。不明白这个道理，一味依靠界的挤压作用来搞质量是白费力气。

也就是说：工程的效果在质量而不在标准，工程的手段在标准而不在质量，因此在宏观策略上，标准为手段，质量为证明。事实上，好的标准有可能达成"零偏差"的事实，但永远都不可能被证实（测不准原理）。

投入策略也应遵循相同的原则，标准方面的投入应侧重实现手段，质量方面的投入应侧重证明与评估、评价手段，但两种投入之间应有机结合，不能偏废一方，否则递归难以实现。

在法器属性中，法（规则、方法）属性比器（工具）属性有更好的环境适应性与策略性，而器属性的稳定性远超过法属性，对于质量来说，这是非常重要的原理。

标准法需要三次解算才能发挥作用，第一次解算是由本质标准的定义泛集解算为缘标的过程，由此生成标准缘媒；第二次解算则是逆解算，是由缘标解算为界象，再由界象解算而形成界质。每一次解算，都需要具有足够觉悟水平的解算系统（专家系统）参与其中，由于解算过程需要人的觉悟，因此复制性差，每一次解算，都会引入新的解算误区（或误差、偏离、模糊）。

而标准器只需要第一次解算，后面的过程都是复制过程，没有了第二次和第三次的解算误区，因此标准器的一致性要比标准法好。

本质标准和标准缘媒均没有法（标准法）的必然性，而是要根据具

---

〔1〕　见李俊昇：《自主论》，知识产权出版社 2015 年版。

体工程需要(目的)采用具体的方式。法的动态性强,可以快速收敛,对于创新性工程(如新设计)的创新局部,法属性(缘标型)更为重要;器的稳定性强,受环境影响小,对于重复性工程(如生产与制造)或创新性工程的继承性局部,器属性(工具型)更为重要。但从宏观工程角度来说,"创生"的目的是"存续",因此,标准化的总目标是"成器"而不是"成法",成法只是成器所不能逾越的里程碑。

标准器包括了生产工具(供质量主体使用)、测量分析工具(通用)和策略分析工具(通用)。这些才是标准质量递归循环中标准的根本价值所在。成法是由思成就支撑的,而成器则是由行成就支撑的,没有行成就的思成就是虚幻的空中楼阁,发挥不了作用。

因此,标准化工作最有价值的成果应是标准器而不是标准法;**标准器才是标准质量循环中标准的根本价值所在;标准化专业研究,应是以成器为最终目标的法器一体化研究。**

2.3 递归均衡

所谓递归均衡,是说在异观视角中,标准质量对象是相对的而不是单向的。标准质量活动并非像表面看上去的那样具有单方性,而是双方或多方各自的目的性需求之间进行多缘递归均衡的结果,任何一方企图打破这种均衡,都会影响到他在其他各方中的信任度而产生导缘不足的结果。

递归本身的特质,决定了递归并不一定具有稳定的收敛点(零),或者从严格意义上说,现实工程中根本就不存在点递归(零偏离),最理想的状态下,递归的结果是被一个各方均可接受的递归界所包容的。所谓最理想状态,是递归处于完全封闭的环境中,且环境和相关方始终不变,一旦进入这种状态,这个循环本身便开始走向衰落,也就是标准质量对象开始失去存在的价值,因为此时相关方的自然衰减成为递归的主要影响因素,整个递归系统开始变得脆弱(缘性衰退)。

界与缘在存在中的本源性,决定了物质的**量子性(或颗粒性)**具有本源性意义。所谓量子性,是指每一个物质层级都有最小不可分割物质单元(层基础)和对应的量子(最小计量单元,非零数),比如重子世界的层基础是光子,生物体的层基础是细胞,人类社会的层基础是自然人等。

《自主论》中介绍了收敛悖论与发散悖论的概念,并介绍了其相对性。无论是收敛悖论还是发散悖论,最终都是宏观系统(对象的所有相关方的总和)的灾难,不能不引起高度的重视。

由层基础到宏观层之间,还有很多亚宏观层(以层基础构成的泛集或性集),每个层都有各自的功能性(价值)属性,也都有各自的收敛悖论,触及这些收敛悖论,同样会造成宏观灾难。

在任一系统层级中(具体标准质量对象均处于一个具体的系统层级中)存在多种界。其中最大界是对象界(对象的自然泛集),最小界是层基础界(对象的显性泛集)。每种界都有灾难界和风险界两层,只要折算实体界(由权力界和信任界反推折算的虚拟实体界)瞬时触及灾难界,整个标准质量循环系统即可能发生猝死而根本不需要真实触界;而短时触及风险界,标准质量循环存在猝死的概率风险(寿命缩短),长期触及,则这种风险会积累为灾难(概率性死亡)。因此,一个成熟的标准质量循环的最佳均衡界应在风险界之外。

实际上,在图 10 的界系统中,本质质量 Q 和 Q' 是灾难界,信任质量 B 和 B' 是折算实体界。只要信任质量之间存在交集的可能,就存在风险性演化危机,而信任质量与本质质量之间存在交集的可能,就存在灾难性演化危机。

五个主界之间保持正确的序($Q<B<S<B'<Q'$)是标准质量系统存在的基本原则或"**生原则**";五个主界之间还留有充分的类时空(可信间隙,风险界无冲突,在界序上体现为 $Q<MQ<B<MB<MS<S<MS'<MB'<B'<MQ'<Q'$),是递归原则或"**存原则**",他使各界都有充分的自由运动空间。

生原则与存原则共同构成标准质量递归的原原则,两个原则同时满足是最佳递归状态。

但在更多的场合,由于环境影响和技术能力的原因,可信间隙可能无法保证,此时即可能出现两界交叉的概率风险,这是客观的,不以人的主观意识为转移的,需要相关各方之间的宽容与合作,以减小风险变为灾难的可能性。

在诸悖论中,微观悖论(处于被包容位置的界)是最客观的和不可对抗的,对递归对象的生死具有决定性的意义。

因此,在标准质量循环中,相关各方均应保持一定的弹性,通过可信赖的手段寻找最佳均衡界。所谓弹性,是一种运动特性,是对抗性(推界)与妥协性(让界)之间的均衡。无对抗不能觉悟收敛悖论,无妥协不能规避收缩风险。所以,标准质量循环在微观行为上表达为局域对抗性,在宏观结果上表达为整体妥协性,以此来保持均衡性。

微观递归与宏观递归并没有本质上的区别,而只是观察焦点的转换。一个具体对象界的异观收缩性表达为微观递归,而本观膨胀性则表达为宏观递归。也就是说,一个具体对象的递归,是其宏观系统递归的收敛悖论表达,但同时也是其微观系统递归的膨胀悖论表达。因此,标准质量递归具有传递性。这其中,当系统的微观层与宏观界受到限制时,以道界(模块定义标准,运营标准、管理标准)体现的标准质量递归具有异常重要的意义。本质上,道界代表了微观系统对层内类时空的利用水平,体现流动性和策略弹性,是宏观系统应当重点关注的部分。

道界对微观系统自主性的整体适应性是道界递归自身质量的阶段性表达。道界对微观系统自主规则意识的启发能力是道界递归系统觉悟性的体现。

2.4 界关系对策略的影响

2.4.1 四种界关系形态

在标准质量递归中,有三种界对于对象的整体递归策略有着根本的影响,他们是本质界、本象界和信任界。

如图14。主客系统之间这三类界的关系是影响观察的根本原因,直接的结果是影响证信任。在人类的演化中,观察能力代表对微观的把握能力,当两个物质系统之间的空间间隙小于人类实际掌握的微观颗粒度时,"失察"是必然会发生的,当两个事件之间的时间间隔小于人类实际掌握的时间量子时,"失察"也是必然会发生的。人类对自然的把握永远是有限的,"失察"也是必然的。因此,工程对象的事实间隙与"失察"边界之间的相对性,决定了标准质量策略的多样性。一般可分为四种递归系统:

1）安全型。当对象与应用系统的信任界之间具备自然间隙时，代表两者各自的独立性可以天然保持，此时，只要标准缘媒中的界象不触及任何一个信任界，那么对双方都是安全的。此时，没有必要追究本质标准，而在两个信任界之间任意选择一个界作为标准缘媒的缘标，此时即形成图8中的发展型循环模式，并可进一步发展为成熟型循环模式。

成熟型循环模式对于供需双方都是可以采用的，对于供方体现为自律性（度），而对于需方则体现为宽容性（度）。一个自律的供方更容易占领同类产品的市场，而一个宽容的需方则更容易获得廉价资源。工程系统中的多数分立系统的标准质量递归都属于这种类型。

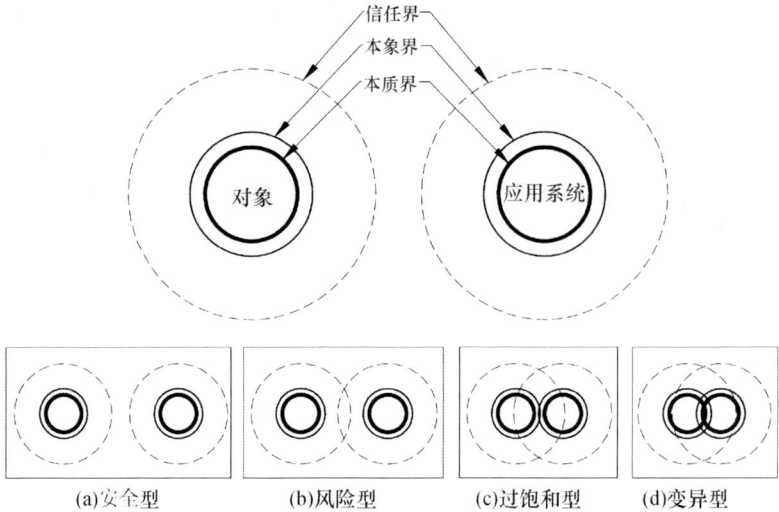

图 14　界关系与策略类型

安全型系统具有定性特征，在递归策略上不需要精确定量，各相关方的对抗性最差，趋源性（引力）最强。

在工程的宏观策划中，安全型系统体现法界观察，是典型的逻辑系统，适用布尔代数、拓扑学等数学方法。而在工程实施阶段，安全型系统的整合（装配）技术性不强，施工成本最低。

安全型系统是第三观察方的传统活动领域。

2）风险型。当供需双方的信任界之间存在冲突,但本象界之间并不存在冲突时,表明冲突不是本质的和定性的,而是概率的和可定量的,因此称之为风险。

风险型系统是不稳定系统,他的演化方向具有不确定性或分岔性,当观察技术的演化成本及速率超过对象的演化速率时,一般会有向安全型系统转化的趋势,反之则有向变异型系统转化的趋势。但总体上,向安全型系统的演化是暂时的,向变异型系统的演化是最终的,也就是说,即使短时间内系统具有向安全型演化的趋势,但最终还是会折返而向变异型系统演化。

目前,在工程的宏观策划中,风险型系统体现云界观察,是典型的概率系统,适用概率论、模糊论等数学方法。在工程实施阶段,则需要形成栅界观察,这便是技术的领域,随着风险概率的增大,技术性和施工成本都会相应增加,而且一般均呈几何规律变化。

风险型系统是第三观察方市场的主要争夺对象,所有采用概率性评估、评价的指标都主要针对的是风险型系统。

3）过饱和型。当两个系统的本象界之间存在冲突时,代表"过饱和"状态,他是风险与变异事实之间的不稳定状态,过饱和型与风险型之间在单纯风险概率上是渐变的,但加入其他因素时是突变的或存在物理阈的。风险型系统是渐变系统和可逆系统,而过饱和系统是突变系统和不可逆系统,可逆与不可逆的边界,才是区分风险型系统和过饱和系统的本质指标。

瞬间或小范围冲突不一定导致变异的发生,但长时间或大范围冲突,则会因极小的偶发运动而导致连锁反应。通常情况下,本象界之间存在冲突,即已经发生了失察。

两个固体的表面直接接触,并不一定会使两者合为一体,因为他们之间发生的是本象界冲突而不是本质界冲突,但两种相容液体的表面直接接触,就会合为一体,因为他们之间发生的是本质界冲突。模块化策略是本质界冲突,而不是本象界冲突,公差与配合中的过渡与过盈配合才是本象界冲突,当过盈量超过一定水平时,则可能发生本质界冲突。很多同类金属材料都存在"粘剥"现象,本质上就是本象界冲突向本质界冲突发展的结果。

因此,当工程的目的是诱发变异时,本象界冲突是一个必然的阶段,但不是唯一因素,还需要是第二因素(诱因)和第三因素(对位)。比如,当我们将两块钢材压紧在一起时,如果对其进行加温,则可能诱发整合反应(焊合、融合、扩散等),反之,如果是降温,那么整合反应是不会发生的,温度即是第二因素。而两块钢材之间本具对位性是第三因素,如果把一块钢材和一块木材压紧在一起,即使加温也不会整合在一起,因为木材与钢材之间缺乏变异的第三因素。

过饷和型系统的演化不具备概率分析的基本条件(大数定律),因此逻辑[1]已经失效,科学难以发挥作用,需要具备高层次的哲学思维与高超的技术能力才能安全地达成目的。这是专家的领域。

4)变异型。当对象与应用系统之间出现不可避免的本质界冲突时,代表"质变"的必然性。所谓"覆水难收",变异型系统中,变异(拓扑学和不可逆理论中的分岔)已经是事实,任何宏观策略都已无济于事,此种情况下,基于分立系统的标准质量循环本身即是悖论。

本书是站在异观的立场上看待本质界冲突的,因此不使用带有主观特征的"灾难"术语而使用异观的"变异"术语。在变异型系统中,对象与应用系统均已失去了事实上的独立性,出现了"存在悖论",也就是双方都无法证实自己作为一个独立系统的存在性,这使得他们之中的任何一个站在自己的立场上去观察,都体现为"灾难",但对于他们共同的宏观系统和异观系统来说,都代表"整体化(整合)"与"新生"。对于这样的系统,不可能存在以各自定义为界的标准或质量,而只能以两个系统的整体定义为界,这便是模块化策略。模块化策略所代表的是宏观失察,而不是微观失察,这种策略充分利用微观的自觉性去实现宏观界的收敛。

可以看到,四种系统是以安全型和变异型为两极,由风险型和过饱和型逐渐过渡的,安全型和风险型都存在发展型和成熟型标准质量循环模式,而过饱和型和变异型则只有基本循环模式,因为此时已经不存在可信赖的宏观观察,但并不意味着第三观察方无用武之地,当第三观察方具备卓越的微观观察能力时,同样可以发挥作用。

这四种系统类型并非观察系统的选择,而是天然存在的,观察上

---

〔1〕　传统逻辑以法界观察为前提,模糊逻辑以大数定律为前提,而过饱和状态既不符合法界观察,也不符合大数定律,因此逻辑失效。

无选择性,对标准质量递归的形态有决定性意义,他们分别对应四种递归策略。

1)安全型系统对应逻辑型(定性)递归策略;

2)风险型系统对应模糊型(模糊论与信息论适用)、自适应型、学习型、文化型、钝(活)化型、择缘型递归策略;

3)过饱和型系统对应钝(活)化型、择缘型递归策略;

4)变异型系统对应模块化递归策略。

可以看到,策略之变主要发生于风险型和过饱和型系统中,这两种系统是标准质量专业的主要研究领域。

过饱和型系统具有强烈的突变性,自适应型、学习型和文化型递归策略已经失效,因为系统演化超过观察跟踪能力,没有递归所必需的时间。中国俗语中:"秀才遇见兵,有理说不清",指的即是这种状态。因此2.4.2和2.4.3节主要探讨风险型与过饱和型共有的策略。

2.4.2 钝(活)化型策略

所谓钝(活)化型策略,是指可抑制变异或促进变异的技术手段,钝化措施是为了避免变异,活化措施是为了促进变异。无论钝化还是活化,都有宏观与微观两类措施。

宏观钝化措施主要是限制能量输入,如降温、负反馈、负能量(吸热)等。与之对应的宏观活化措施则是加大能量输入,如加温、正反馈、正能量。

微观钝化措施可能包括:减表面积比(表面积与体积之比)技术、表面钝化剂技术、薄膜包覆缓释技术等。与之对应的微观活化措施可能包括:增表面积比技术、表面活化剂技术等。

微观颗粒度在过饱和状态下对变异性的影响主要体现在表面积比上,颗粒度越大,表面积比越小,颗粒度越小,表面积比越大。因此,大颗粒度趋钝化,小颗粒度趋活化。纳米技术在本质上是通过减小颗粒度实现的活化技术。

在钝(活)化型策略中,宏观措施的有效性对过饱和型系统来说是不值得信任的,因为微观变异的代谢特性可能恰好与策略方向相反。比如火、炸药的变异是高释能型连锁反应,低温防爆措施是没有什么价值的,只有微观钝化措施才有效。核反应堆的钝化剂(核技术中称为慢化剂,如重水、铍、石墨、水等)只有在燃料棒小于临界体积时才会有效。

任何系统的结构自组织都代表钝化,负能量、负反馈是系统安全存续的保障,在大型或复杂系统(如飞机、火箭、机动车辆、社会组织)中,共振是最具破坏力的并且最难于预测的结构性因素,只要这个系统的关键结构中存在共振之因,不可预见的突然崩溃就只是个时间问题。

但负反馈率不能是100%,事实上也做不到,在没有外部能量输入的情况下,系统的存续是依靠消耗内能实现的,这意味着绝对负能量代表衰败。

因此,正能量与负能量都是伪命题,负能量代表衰退,正能量代表突变,两者相比,正能量的泛滥更危险。

等观正能量与负能量,使之符合自然的必然均衡,才是好的生存策略,这种均衡难以精确测定或预计,但可以以负能量为基础,通过递归而不断向自然均衡靠近。

所以,保障生存的能量策略是:**负能量为体,正能量为用,负能量宜泛,正能量宜限,能量均衡因境而变。**

2.4.3 择缘策略

择缘策略代表符合工程目的的促变异策略,代表"正能量宜限"中的"限"。所谓择缘,是指有选择地精确注入正能量,或者只对符合演化均衡的系统才注入正能量。符合演化均衡即是有缘。如萃取、分馏等都属于择缘策略。

择缘策略对宏观和微观是完全不同的,宏观的"限"策略代表现代达尔文主义中的选择压,微观的"限"策略则代表介入法(限域不限法,以明用能)。如果把这两个策略用反,则会产生不良的后果。

选择压策略代表迅速减能至近饱和状态而规避连锁反应,并提高自然选择性,自然选择性应符合现代达尔文主义的四个必要条件:

1)宏观规模;

2)封闭环境;

3)自由繁殖;

4)演化优势(高选择压)。

　　现代达尔文主义的四个条件,代表一个高能的领导人基本上会把整个组织导向危险与灾难。管理学领域有句名言:"有一个控制欲很强的领导的组织,任何管理措施都形同虚设。"也是这个原理的体现。

　　中国有句古语:"物无善恶,过则为灾"。一般情况下,微观原理都同宏观原理相逆或相悖,高能代表微观技术或方法,在微观上效果良好的技术与方法,强行向宏观系统推广时常会导致灾难性的后果。

　　所以,笔者诚恳地赠送诸位三句话:

　　良法忌泛,良器忌滥!

　　以正能量(滥权与滥赏)做文化的组织是一箱炸药,遇见雷管立刻自毁!

　　以负能量(滥法与滥罚)做文化的组织是一个冰块,离开冰箱早晚化光!

3 原则与误区

3.1 标准质量原则

下述原则是由界缘递归理论引申的,是"观质量,抓标准"这个标准质量元原则的关键支撑原则。

3.1.1 基界递归原则

基界递归原则即下式的表达:

$$A \Rrightarrow Q \ltimes S \qquad (11)$$

也就是标准化基于当前质量的原则,这个原则是标准质量学的首要原则。

这个原则的通俗化解读是:**"实中求虚"**。

3.1.2 整链原则

整链原则用下式表达:

$$S\_door = Max([\ ]door[\ ]) < limen\_door \qquad (12)$$

式中:

S_door——界目"]door["的最大标准势,指任意两个界栅之间的最大间隙;

limen_door——界目离散阈限,指界目标准势发散的风险性边界值。

这个公式是说,在达成工程目的前,整界的演化应始终保持每个界栅之间的间隔不会超过界目离散阈限。这个公式可以用图 15解释。

式中的界目离散阈限实际上代表这个系统中的重权元素的标准势和外部危险缘媒的标准势中最小的一个,当符合整链原则时,内部重权元素异化风险的风险和外部危险缘媒入侵的风险概率为零。

这个原则来源于虎笼原理,通俗的解读是:**"法不在苛而在无漏"**。

这个原则告诉我们,如果某些界栅(标准质量对象)的发展过度超越或滞后(图16),则必然会与相邻界栅之间拉开大的空档,则整个系统将会有发生解体的风险。

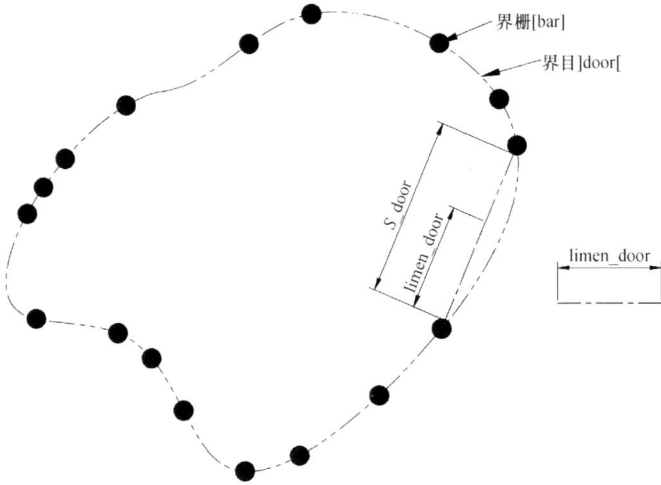

图15 整链原则

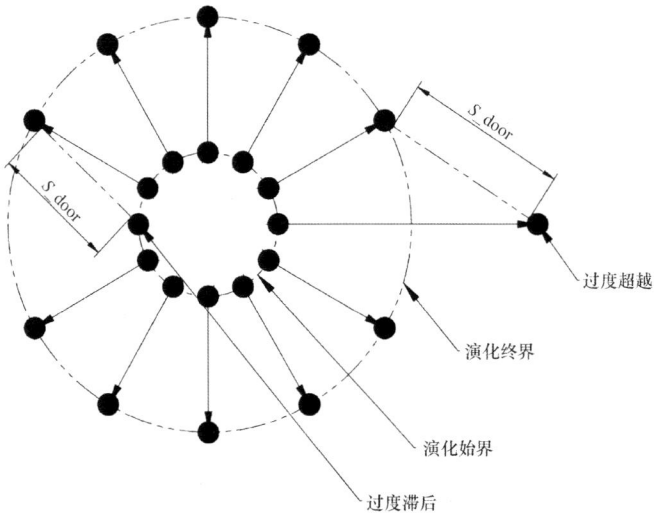

图16 演化失衡

3.1.3 有限发散原则

整链原则本身是质量体现和原理体现,而有限发散原则是整链原则的标准体现和规律体现,可表达为:

$$\Delta Evolution\_Step \bowtie limen\_door \qquad (13)$$

式中:

$\Delta Evolution\_Step$——标准演化目标偏离。

即标准演化目标的偏离应基于界目离散阈限确定。用通俗的话讲,这个原则就是**"偏离不对抗整链原则"**。

也就是说,不宜制定过度超前或滞后于宏观的单项标准法,标准法的里程碑应基于宏观系统的整链原则。

3.1.4 有限诱导原则

有限发散原则是标准的宏观原则,有限诱导原则是标准的微观原则,可表达为:

$$\frac{Evolution\_Step}{T} < limit\_v_q \qquad (14)$$

式中:

T——演化目标时限;

$limit\_v_q$——质量演化速率阈限。

这个原则的直观解读是:**标准法的演化目标不应超越质量演化的实际可能(具备可实现性)**。

在方法学上,有限诱导原则可用图 17 解读。

图中有两条曲线,粗实线代表当前衡,也就是本质质量。当本质质量发生演化时,是存在**手风琴效应**[1]的。当演化的速度过快时,会超过自组织阈限,也就是微观系统之间失去关联性,宏观组织解体。比如,在大团队行进时,随着运动速率的提高,通常都会体现梯队特征而不是连续疏离特征,也就是整个团队的队形无法继续保持而开始形成若干个梯队,梯队与梯队之间有明显的空当,这就表达非连续疏离

---

〔1〕 由于系统之间存在遮挡效应,因此在改变运动状态时,其整体形态体现密度波运动方式,好像手风琴风箱的运动方式,故称为手风琴效应,这种效应是在交通管理领域首先提出的。

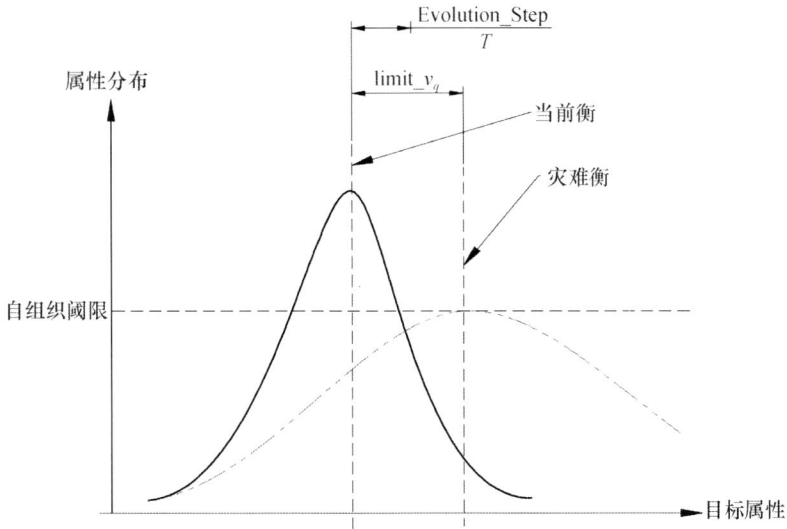

图 17　有限诱导原则

和宏观组织解体特征。这个宏观解体开始的关联状态即是自组织阈限，他所对应的衡演化速率边界即是质量演化速率阈限。当标准的里程碑所代表的演化速率小于质量演化速率阈限时，标准质量递归是收敛的，否则就是发散的。

这个原则告诉我们，应避免**大跨度标准**和**门槛型标准**，而宜利用**斜面原理**和**分级原理**，也就是**化门槛为斜面**，或者**化门槛为台阶**。

一般来说，斜面（连续）原理体现于指导性文件，分级（离散）原理体现于标准法，斜面原理比分级原理更有效。门槛是可以通过欺骗手段越过而不被发现的，而斜面和台阶虽然可能骗过一时，但随着时间的延伸，欺骗行为暴露的概率将会大大提高。

3.1.5 动态均衡原则

动态原则用下式表达：

$$MS \bowtie S \qquad\qquad (15)$$

即标准缘媒基于本质标准。意为，标准缘媒不以先进性为准则，而以事实均衡为准则，当应用环境改善时，应允许收敛压力较大的标准退让（发散）。本原则实际上代表系统由风险型向安全型的自然演化。

本原则也可称为"**潜规则显性化原则**",以"**模块化策略**"和"**竞争策略**"两种策略整合表达。[1]

3.1.6 悖论原则

悖论原则是两个表达的复合体,一个表达是规避悖论,一个表达是突破悖论。在一个对象对系统有价值或很关键时,以规避悖论为主,否则以突破悖论为主。

规避悖论意味着确保:

$$mm < Q < MQ < B < MB < MS < S < mu \qquad (16)$$

这个条件不满足,代表由安全型系统向变异型系统的转化,意味着开始由安全状态进入风险或变异状态。因此,当对象失去价值时,只要破坏这个链条中的任何一个环节,系统即进入自生自灭的不稳定状态,用不着彻底分解这个对象。

中国有一个关于悖论原则的经典智力问题:如何将一个大坛子装进小坛子里,"智者"给出的答案是把大坛子打碎。但这真的是正确答案吗?我相信,如果一个人**"给出过"**这样的答案,终身都不会有真正的"贤人"去成就他,因为他是个"寡恩"和"暴殄天物"的人。大坛子装进小坛子,就意味着悖论系统中的节点逆序,最终破坏的是整个系统。

3.2 原 理 误 区

下述原理都是当前被广泛接受的原理,而本书认为他们或者是误区,或者存在误区。

3.2.1 先进性原理

3.1 节提出的六个标准质量学关键原则,全部对抗**先进性**原理。实际上,在系统学界,早已将"进化"这个术语逐渐改为"演化",因为"进"与"退"本没有"正误善恶"的因果必然,一切都应"因境而变"。

"先进性"是根本哲学误区,代表平直逻辑和主观是非,违反二律

---

〔1〕 见李俊昇:《自主论》,知识产权出版社 2015 年版。

悖反的基本自然原理。

　　"先进性"也许最初只是认知误区,但以后则变成了有意的欺骗性语言,这个术语的本质是活化型策略的滥用,他给"纵欲"包上了"道德与文化"的华丽外衣,在所有骗术中是最具欺骗性的。

　　以"先进性"为准则是导致社会成本无限制增加、资源无谓消耗、社会动荡不安以及战乱的根本原因之一,也是导致封建宗法论、政教合一、家天下、垄断、一言堂、超自然和神论的根本原因之一。他不应出现在标准质量理论中,甚至不应出现在任何工程、管理与评价理论中。

3.2.2　统一原理

　　对于不可逆系统来说,随势而变,因势利导才是达成最佳效益的根本,也就是主要采用界缘复合策略。界缘复合策略的主要表达方式是模块化原理而不是统一原理。统一原理只是在创生一个新系统时不得不用的增密挤压策略,这种策略一方面消耗大量的资源,另一方面在没有相应的缘质时根本达不成需要的结果(形成逆系统),而且还可能产生反效应(形成有害真核系统)。

　　因此,在没有确定层基础的普遍缘质时,不宜采用统一策略。也就是说,没有对位的资源分布作前提,统一只是给宏观系统自身挖下的一个陷阱。

　　统一原理误区并不是说这个原理有本质错误,而是说这个原理是有条件的,并且只在局部有效,不能作为标准质量学的普遍原理,只能是特殊情况下采用的**点原理**,也就是统一原理在标准质量学中属于无穷小应用原理。

　　统一原理是伪象原理,只适合于"无质约定"(也就是不涉及本质的法参约定),以及对天然安全型系统(远界)的约定,最适宜的应用领域是"标识"、"符号"、"术语"、"定义"和"标准物质",统一是为了提高缘媒的识别率。

　　符合自然法则的原理表述应是**"潜规则显性化原理"**或**"约定俗成原理"**。

3.2.3 简化原理

简化原理本身也不错,而只是不完整。

在过去的策略分析技术条件下,大型工程一般分两个阶段,初期策划主要体现宏观特征,以简化为主(觉策略),随着工程向实施的不断推进,则以细化为主(悟策略),这种阶段性划分本身就代表着递归收敛。但是,简化原理并不是本质原理,而是一种工程策略,其前提仍然是工程系统本具收敛的缘质。偏离与模糊是天然存在的,简化意味着接受偏离(容错),也意味着简化本身即是观察偏离(失察),在收敛的过程中,随着不断地细化,这些偏离被逐步发现与证实,而得到纠正,这种纠正是让观察偏离向自然偏离靠拢,并诱导自然偏离向收敛悖论[1]有限[2]靠近。所以,简化原理并非标准质量学的普遍原理,也是标准质量学的**点原理**,是在界缘递归机制真正发挥作用的前提条件下的初值选择法,如果这种机制没有建立起来,那么简化原理就会成为妨碍工程发展的障碍。

比如,如果一条直线上存在两个等规模引力源,那么决定一个物体向哪个方向运动的初始位置主要体现与衡点的定性位置关系,只要"脱离衡点区(也即临界区)",其运动的结果就是确定的,而离衡点区有多远并没有太大的关系。所以,只有在具备足够可选择性的条件下,才适用简化原理。

有一个寓言,说一只苍蝇落在骆驼背上搭便车,还四处向人夸耀它的聪明,而当别人问到骆驼这件事时,骆驼却说它自己根本就没有感觉到。作者用这则寓言告诫人们不要像苍蝇一样自作聪明,它太渺小了,同骆驼相比根本不算什么,作者还得出一个结论——宏观决定微观。但笔者是不同意这个结论的,如果搭便车的不是苍蝇,而是一只蜱虫[3]或者是致命病原体,虽然骆驼仍然感觉不到,但却足以要了骆驼的命。

《自主论》认为:**只有微观灭宏观,没有宏观灭微观。**请不要把简

---

〔1〕 见李俊昇:《自主论》,知识产权出版社 2015 年版。

〔2〕 无限靠近意味着危机。

〔3〕 蜱虫是一种噬血寄生虫,它在叮咬宿主时会钻入宿主的体内,当其随血流运动到要害部位(如脑和心脏)时,就可能导致宿主突然死亡。

化原理奉若神明,如果没有良好的防疫机制,越是高效的系统,滥用简化原理越容易致命。[1]

在信息技术高度发达的今天,利用仿真技术将界缘递归的过程从实施过程中分离出来,是发现与降低风险概率的有效手段,但不是避免灾难的有效手段,这种策略能够防范灾难的前提是尽可能准确地了解收敛悖论(可用微观信任界来理解)和发散悖论(可用宏观本质界来理解),仿真递归只在远离这两个悖论的前提下才是准确的,否则反而更容易让人上当而使工程实施的灾难性增强。但恰恰是对风险的感知,让我们能够了解收敛悖论,因此,无限制地减小风险,是导致毁灭性灾难的原因。较适宜的策略是在策划阶段有意向过饱和运动,以期发现收敛(发散)悖论。

这里还要回答一个问题,标准究竟是多好还是少好?

就宏观整体来说,资源性标准(如具体的产品标准)体现细化原理和多缘(应用)效应,应占最大的比重,但细化原理并不对抗简化原理。

简化原理与细化原理之间宜采用其他策略(如模块化策略)解决,模块化策略的本质是界本参策略,利用界(简化)的作用和动态均衡原则,促进资源性标准的自均衡。

如果有人问简化与细化是否可以置于同一个舞台上,笔者认为可以,这个原理是标准质量学的最基本策略原理——界缘递归。界缘递归原理是包容简化原理与细化原理的。简化原理只对安全型系统和风险型系统有效,对过饱和型系统和异化型系统都是无效的。

3.2.4 秩序原理

"秩序"本身就是一个尚不确定的概念,而且缺乏证据支持,统一原理其实是秩序原理的一种表达方式。如图18。

这是一个关于空间秩序的事例,属性秩序可以映象为空间秩序。为了便于比较,把一个系统分为两个半区,其中下半区是高秩序半区,上半区是随机半区。

图18(a)显示的是不同秩序系统对抗精确打击的能力。图中的空心元素是系统的关键实例(核实例),如果这个元素遭到破坏,整个

---

[1] 效率越高,免疫性越差。

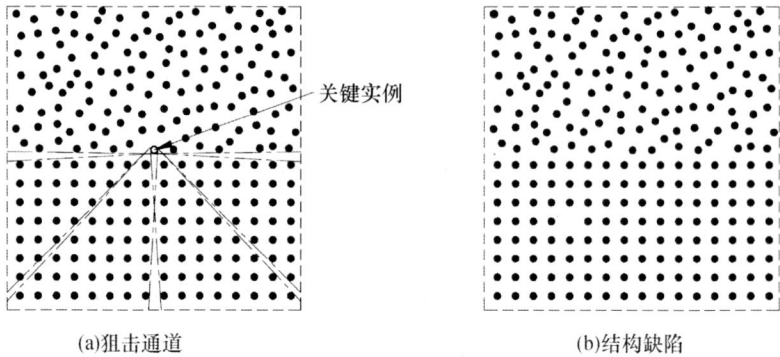

(a)狙击通道　　　　　　　　　　　(b)结构缺陷

图18　秩序的误区

系统都将崩溃。可以看到,在高秩序半区中,可以很容易地找到至少5个外部狙击点,而在随机半区中就没有那么容易找到。

图18(b)显示的是抗结构缺陷能力,实际上,两个半区都比标准编制少一个元素,但我们轻易就发现了高秩序半区中的缺陷,却很难发现随机半区中的缺陷。实际上,这种结构缺陷代表应力特征,高秩序系统是极其脆弱的,其中的一个小缺陷会导致严重的应力集中,因而产生拉链效应,但随机系统是不容易出现这样的问题的,随机系统的缺陷不仅仅不容易发现,而且也不容易发生连锁反应。也就是说,随机系统有很高的"容错"能力,高秩序系统则没有这种能力。

所以,秩序原理在标准质量学原理中是一个误区。但是,当采用另一种方式定义秩序时,秩序原理还是有其实际意义的,这就是秩序的饱和定义,代表对象不确定性与观察系统的处理能力之比[1],可以称为能力饱和秩序定义。按照这个定义,"强调秩序性"在本质上代表宏观系统失能,是典型的"滥法思维"[2],它会使系统暴露在灾难性的危险中。

也许有人会说,当前标准化定义中的"秩序"是"最佳秩序",代表"不过度地强调秩序",这种论点笔者或许可以勉为其难地接受,但笔者要问,秩序的"最佳"是什么? 如何找到? 如果笔者告诉你根本不存在,或者根本不可能找到最佳秩序呢?

---

〔1〕　见李俊昇:《自主论》,知识产权出版社2015年版。
〔2〕　无限制地扩大规则的范围,认为一切问题都可以用规则解决。

　　本书对这一问题给出的答案是动态均衡原则,这个原则表明我们不需要找到最佳秩序,而只需要达成一个可接受的结果,并适时地根据环境的改变而调整标准质量的状态。

　　笔者讲的是"适时"而不是"随时","适时"是"界"的典型策略特性,即只要环境的变化没有接近临界状态,那么标准质量系统本身的状态就不需要调整。

　　动态均衡原则代表标准质量系统需要保证探索活动的频度,以提高动态仿真性、观察的加权[1]覆盖率、加权余度和观察的加权置信度为准则,而不应以固化成果(如标准数量)为准则。

　　也就是说,标准质量活动本身也有标准和质量问题,但标准质量活动本身的质量准则是动态性、加权覆盖性、加权余度和加权置信度,而不是标准的绝对数量。标准质量活动的质量也不是形式质量,形式质量在全部质量中是权重最低的,也是可以充分利用信息技术手段提高的,与强调形式质量相比,建立标准质量系统的权重评定与识别系统,以及建立并完善标准质量系统自身的容错机制更有价值。

3.2.5　完备性原理

　　"完备性原理"并没有被任何标准质量理论所定义,这里只是说在现有标准质量管理中所表达出来的一种倾向或一种被作为原则使用的评价方法,这种原则在标准审查中常被当做普遍原理而被过度使用。在《自主论》中,我已经提出非完备原理是自然本有的原理,这里要讲的是非完备原理在标准质量理论中的具体体现。

　　一般来说,一个标准条款应具备"四有一可"的特质才算完备,即"有要求,有指标、有考核、有(检验)方法、可实现"。但若把这些特质作为一种制定标准条款的刚性格式要求则违反了非完备原理,是基于"零偏差事实"的错误管理概念。

　　"四有一可"是有前提的,这个前提是既有证明手段自身的完善度超越实现手段的完善度,并且系统不处于过饱和型或异化型状态。事实上,"有零非零"的自然原理告诉我们,只要证明手段可达,实现手段必可达,但实现手段可达,证明手段未必可达。因为证明至多是直映

---

　　〔1〕　加权意味着需要考虑对象在整个系统中的权重。

象(甚至不是本象),是间接的,存在成象或解象误差(测量不确定性),其置信度也是以大数定律为前提的;而实现手段是原象(即生成质的象,是比本象更为本源的象),是本界的最本源表达,是唯一的和不符合大数定律的,因此比直映象更接近本质质量。

所以,证明手段不可能是所有手段中最完善的,其发展总是落后于实现手段的发展。证明手段也总是偏离事实质量。也就是信任质量永远不等于本质质量,当证明手段不足时,应采取其他方法解决。

所以,只有在**"指标与证明手段相互独立,且要求的指标低于证明手段的层次"**(即证明手段更接近于事实本身,如量规的精度至少应比要求的精度高一个量级)时,所制定的条款才可能符合"四有一可"的特质,而对于超越了证明手段的需求,"有指标、有(检验)方法"的格式化条款是不可能实现的。具体来说,这类条款的指标与质量保证规定的检验方法之间不存在相互独立的事实关系,甚至不存在可信赖的证明手段(如超大尺度表面上小于 1 毫米的形状公差当前是无法精确测量的,但不代表不能实现),因此只能通过过程控制(原象法,如"用过程保证"、"用工具保证")、实用证明(后证法,如"随系统鉴定")和原理设计(自适应法,如"使用前磨合"和"学习系统";预防法,"保护性设计")解决,或者通过"惯例法"解决,即采用"……应能通过XXXX 惯例所规定的检验"这样的陈述。在这些方法中,一个条款的指标与检验方法是不可能没有重叠地分离为两个单独条款的。

举例来说,关于硬度的条款即是典型的惯例法。硬度的指标是基于硬度计(检验设备)建立的,它们之间本是一体,不可分割。因此,既规定硬度值又规定检验方法,必然存在重复规定,在工程学上属于过约束,与封闭尺寸链是同一性质的错误。强行要求指标与方法在同一标准的两个地方对应出现,违反了规避过约束的工程原则,增加了自相矛盾的几率,代表了一种对于自然原理的无知。

笔者把类似原象法、后证法、自适应法、预防法和惯例法这样的方法通称为"整体法",在策略类型中对应过饱和型系统和异化系统;而把指标与检验方法可以独立陈述的方法称为"分离法",在策略类型中对应安全型系统和风险型系统。在标准的检验规则中,他们可用表 1的方式体现。

表1 整体法与分离法的条款特征

检验项目	要求	检验方法
×××(整体法)	×.×.×(后证法)	—
×××(整体法)	×.×.×(原象法)	—
×××(整体法)	×.×.×(自适应法)	—
×××(整体法)	×.×.×(预防法)	—
×××(整体法)	×.×.×(惯例法)	
×××(整体法)	×.×.×(惯例法)	
×××(整体法)	×.×.×(以方法为指标)	×.×.×
×××(分离法)	×.×.×(独立指标)	×.×.×(独立方法)

也就是说,整体法的条款在一项标准中可以只在一个地方(要求)出现,除非检验方法是这个标准所特有的。当存在特有检验方法时,要求中也可以没有独立指标,而只以符合检验方法为指标,如"……应能通过×.×.×所规定的检验(试验)"。功能性要求中经常会出现以检验方法为指标的情况,这种方法本身是惯例法的一种,只不过这种惯例是原创惯例。

惯例法与后证法都是指标基于证明方法的条款,但惯例法是使用前证明,后证法是使用中证明或使用后证明,因此后证法不可能存在可在本标准中规定的检验方法。

原象法和自适应法本身所代表的都是过程质量,两者的区别在于:原象法是通过提高原象(工具、标准器、过程方法、技艺)质量的方法获得较高的过程质量,因此可称为前过程质量;而自适应法则是承认原象法自身的有限性,因而采用预先设计后补偿(如各类后调节机构、采用自定位设计)、增加使用前磨合或采用学习系统等方式来提高质量,不断向零偏差靠近,因此可称为后过程质量。两者相比:原象法具有更高的初始质量,但使用过程多数都是质量衰减的过程;而自适应法的初始质量可能并不高,但使用过程的质量衰减小甚至还会提升(如学习系统)。因此,若能将原象法与自适应法结合起来,就能够达到远超过可证明性的质量,这比建立一个格式完备的条款更有价值。因此原象法和自适应法也不可能存在可在本标准中规定的检验方法。

而预防法本来就是为应对极为偶然的环境而预先设计的防范措施,代表一种虚拟的逻辑质量,对于其所预计的环境,我们并不希望它出现,甚至可能无法通过人工手段达到,而仅仅是一处逻辑上的演绎,因此,没有任何理由要求提供检验方法。

　　完备性原理实际上只在天然安全型系统中有效,在其余系统中都是无效的,完备性原理应由"可接受原则"、"有限偏离原则"与"动态均衡原则"代替。

4　相关理论解读

本章探讨的五个理论是与标准质量学关系最密切的理论。

其中第4.1节主要探讨的是本理论同现有标准化理论与质量理论的关系,第4.2节主要探讨近缘理论与本理论的关系。

4.1　同　名　理　论

本节探讨的是本理论与现有理论之间的异同与关系。

前面已经讲过,在本文发表之前,标准化理论与质量理论是分开的,但这并不是说本书仅仅是将传统的标准化与质量简单地放在一个框架下,本书是要恢复标准质量一体的本来面目。

在对标准化与质量本身的理解方面,本理论也与传统理论不同。

4.1.1　标准化理论

在人类开始进行自觉标准化研究与应用之后,标准化理论可以说经历了四个阶段:互换标准化论(早期工业标准化形态)、分形标准化论(优先数系)、秩序标准化论(至今仍在使用)和负熵标准化论(当前理论主流)。

严格意义上说,负熵标准化论并没有脱离秩序标准化论,而是将秩序在能量方面的表达(负熵)作为标准化理论的基础,因此负熵标准化论只是秩序标准化论的一个亚阶段。负熵标准化论的理论基础是"耗散系统理论"。

但笔者认为,秩序标准化本身存在一个巨大的误区。秩序这个概念至今为止都是没有确定定义的,不仅如此,数学家们的研究认为,有序与无序本身就是一种循环结构,最有序即最无序,最无序即最有序。例如,我们通常都会认为静止是最有序的表达,但如果我们走入静止的物质界内,则会发现物质界的静止,恰是其微观构成非零运动的合成,非零运动合成为零运动,意味着速度全对冲,是最无序的表达。因此,有序与无序本身就是悖论。

近年来更有系统理论界的专家认为无序才是物质诞生与生存的基础,这也与笔者的观察结果相符合,实际上,"耗散系统理论"从一出现就已经开始受到冲击。[1]

笔者认为,建立在一个连提出者自己都不明白的属性基础上的理论是没有根基的,而对自然运动的观察结果,更让笔者认为秩序论本身就是一个误区。以任意一个所谓的无序系统为观察始点,观察界越向微观方向收敛,就越体现出物质运动的有序性(是非性,级跃性,突变性);相反,以任意一个我们认为的有序系统为观察始点,观察界越向宏观方向扩展,就越体现出物质运动的无序性(模糊性、连续性、渐变性)。

《自主论》还提出,真核系统(具备自组织能力的系统)具有超熵特质,也就是系统的内部有序度必定低于外部的有序度,一旦内部有序度高于外部有序度,系统的自组织将会丧失而走向衰退与灭亡。系统的演化,体现在始终保持内部对外部的某个超熵水平,超熵度过大或过小都不利于系统的生存。

因此,本书中所采用的标准化观,是一个建立在自然生灭循环观基础上的标准化观,是以界和缘及其自然递归关系为观察基础的标准化观。在这个观察视角下,对于有序与无序是等观的[2],甚至对于界与缘、生与灭也是等观的。建立在这种认知下,标准化(缘运动)与质量(界运动)放在同一个视野中进行观察研究是必然的。

互换性本质上是同缘相似性;分形本质上是界的分布规律性,是界缘递归的必然结果(分形是递归的典型特征);而秩序是一个至今没有定义的属性,多数人的理解更接近于《信息论》的逆定义,即确定性,但笔者认为,确定与不确定并非对象本质,而是决定于观察系统观察

---

〔1〕 耗散系统是在处于外部能流的情况下形成自组织的系统,认为只有能量的输入与输出平衡才能形成自组织,这无法解释恒星自身的能量运动状态。

〔2〕 笔者认为,有序与无序是相对的,是相对于观察系统能力而言的,需要处理的数据量是区分有序与无序的本质。观察系统自身能力的改变,会同时改变秩序状态。并且,有序与无序都不是生灭的决定性因素,界缘递归本身才是决定性因素。

能力的界(对象本质演化与观察能力演化的相对性)属性,《自主论》也采用秩序这个术语,但采用的是相对秩序定义[1],界与缘的定义比秩序更接近本质。

因此,界缘标准化理论是现有标准化理论的发展,可以覆盖现有的全部标准化理论。

4.1.2 质量理论

在质量理论的发展上,也可分为不同的阶段。

早期的质量理论可称为一致性质量理论,即质量代表同类工程对象间的制造一致性,之后又加入了波动控制;波动控制可以视为一致性的另一个维度,他们都代表属性收敛度。

一致性和波动性之间本质上是沿不同时空维度的视察特性。

当在时断面内观察时,体现一致性,这种一致性包括多个空间维度和层次:最微观的层次是批一致性,沿几何空间扩展为同种产品的行业一致性,沿属性空间扩展为厂商的过程一致性。

波动性本质上是一致性沿时维的观察体现。

一致性质量理论与互换标准化理论实际上是相互响应的,互换性是目的,一致性是其显性表达。互换性虽为标准化理论所采用,所描述的却是本质质量;一致性虽为质量理论所采用,所描述的却是本质标准。从这里也可看出,标准化与质量过去虽然一直在独立发展,却从未远离。

此后,质量由一致性发展为目标实现性或实现率,本质上是由生半周向灭半周的发展,开始走向完整的生灭循环。

当前的质量理论是质量的"过程"解(微观)、"价值"或"损失"解(宏观)和"忠诚"解(伦理)并存,这三种解读都可以看做是质量的"缘解读",本质上是由质量向标准延伸的觉悟。

本理论是质量的"信任"解(伦理),意即质量和标准是形成信任的两个阶段,标准是立信(诞生),质量是信用(即存),观察是信任(伦理)。信任不仅仅包含对质量对象的信任(证他),也包括相关方之间的信任(他证),和对自己认知的信任(自证、信仰)。

---

[1] 见李俊昇:《自主论》,知识产权出版社 2015 年版。

笔者认为质量的"过程"解、"价值"解或"损失"解都是走在符合自然质量本质的道路上,最终会走到"信任"解上来,而最终导向标准质量一体的良性循环。但本书站在哲学的二律悖反原理的角度上认为,"价值"与"损失"是同一本质的不同观察方向,具有相对性,因此任何一解都是单向的和主观的,异观的解读是他们之间的衡,当我们把"损失"理解为"逆(负)价值"时,可以把他们放在同一个指标体系中进行分析与研究。

但"忠诚"解则是走入误区的开始。在拙著《自主论》关于递归的探讨中,我们可以看到,"忠诚"从本质上是"绝对他定义",是互定义中的特例状态,恰恰代表了"不信任"或"不可信任"。

信任是互相的,但"忠诚"是单向的,意味着一方高度可信而另一方高度不可信的极化互定义。也就是说,只要存在一个"忠诚"方,其对方就一定是"欺诈"方[1]。只有合二为一才能打破"忠诚"的"极化"怪圈。因此,"忠诚"不是无意义或错误,而是体现在"内视",即对自己承诺的"忠诚",而这个承诺便是标准,"忠诚于承诺"的外部表达即是"信用(固有)"和"信任(观察)"。对自己的忠诚有核参式和界参式两类,核参式表达为无限制收敛,是"绝对可信"与自灭;界参式表达"避界",是"可接受信任"与互生。

标准是"对自己忠诚"的参系统,代表"约",质量则是对外表达"信用"的参系统。"对自己忠诚"表达为"求生",这便是工程目的,其特征是界膨胀所体现的抗力(生存本质)和策略弹性(防灾本质),生存本质与防灾本质共同对外表达质量。

同时,"忠诚"还代表着"觉而不悟"和"冒失",最终会导致对认知的疑惑而出现信仰危机。觉而不悟,意味着觉有向而不知因果;冒失意味着知缘不知界,也就是对收敛悖论和发散悖论的欠觉悟。一旦所信生疑(因近界而产生临界效应),则会导致信仰危机,由对对方的绝对信任变为绝对怀疑。

与"忠诚"这个词有着直接联系的另两个词是"赌博"和"造神",忠诚方是赌徒,另一方是庄家,所谓"十赌十骗",除了"神",没有一个庄家不会欺骗赌徒,除了"神",没有谁能够维持"忠诚"的信仰,所以,

---

[1] 无信方。

忠诚论导向神论是必然结果。

本理论认为"忠诚"解最终将导致质量实践向两个极端发展而走向失败,这两个极端一是自灭,二是骗局。

所谓自灭,是指在宏观与微观的对立中,微观是宏观的存在根据,而"忠诚"论可能使微观系统无条件地向收敛悖论靠拢,而引致灾难,微观的灭亡,也将最终导致宏观的灭亡。

所谓骗局,是指"忠诚"论具有"赌博"的本质,是导致垄断的思想根源,依这样的质量理论构建的系统具有"速生速达速灭"的级跃递归特性。在数学上,这种现象表述为**互锁逻辑,**即互相否定,以正反馈逻辑构成,所有这样的逻辑,均体现强烈的矩形波振荡特征,也就是当其向一个方向发展到极致时,则会立即反转[1] 互锁逻辑最终会导向垄断经营者绑架用户。也就是说:一旦垄断的格局形成,供方就反过来"绑架"需方,迫使需方公开承认供方的"一切行为都是忠诚的表现"和"可理解的行为",以求得供方的"恩赐",而不管这种恩赐与递归结果之间是什么关系。这是由貌似强势的需方导演的自我欺骗的闹剧。在中国古典哲学中,这种闹剧的结果被称为"反悔"[2]、"反吟"[3]或"反奴为主"。现在很多国家都在"反垄断",却不知道"垄断"之因在于"忠诚论"的文化误区而不在于法律本身。

在社会系统中,"忠诚"论与"封建宗法论"、"宗教"和"造神运动"有直接的关系,只有无所不能的"神"才能支持"单参",所以不"造神","忠诚"是没有思想根据的。本理论不造神,因此不赞同"忠诚"解。

本理论采用质量的"信任"解,这种解读可覆盖现有质量理论的各种解读,但对"忠诚"解,只视为"信任"的一种极端的特例和瞬时状态(在系统创生期是有效的,对真本参是有效的)。

在拙著《自主论》中,笔者将自然系统分为伪核系统和真核系统两大类:

1)伪核系统代表由环境压力维持的系统,是不具备自组织能力

---

〔1〕 中国古典哲学形容为:"月圆则缺,月缺则圆"。
〔2〕 需方表面为主,实则为奴。
〔3〕 需方本有克(控)制属性,反而沦为被克(控)制的一方。

的系统,是新系统的孕育期,伪核系统表达界向伪核的"单参性",具有"境变则散"的特质。

2)真核系统代表由内缘维持的系统,是具备自组织能力的系统,是既生系统的生存期,表达界核之间的"互参性"和"境变自存"的特质。

"忠诚"即代表"异单参(失本参)",代表"主奴"观,是伪核系统的典型表现,只能作为宏观系统对具体微观系统的"婚姻中介"与"即孕助产"策略。如果异参不能转化本参,则系统不能自存。

"信任"即代表"异互参(见异而知本,参照本参)",代表"主客"观,是真核系统的典型表现,它才是具有普遍意义的策略解。

笔者认为真核系统具有宏观(界)与微观(缘)之间互因果、互参照、互主客的特质。只有具备这种特质的系统,才有可能形成良性递归循环,微观与宏观之间的这种递归循环即"自组织"之因。

因此,本理论主张质量是与标准"互参"的质量,这种内部的"互参性(主观质量)"的外部表达是"本参性"(信任质量),标准质量相互递归而形成自组织(本参特征),最终达成符合自然本质的均衡,以保持系统的存续。任何绝对化的质量表达均是"伪质量",是缺乏质量觉悟的表现。

4.2　近　缘　理　论

"信息论"和"模糊论"对世界的认知与拙著《自主论》很接近,但有所不同,"信息论"和"模糊论"是策略论和方法论,而《自主论》是观察论与响应论,"信息论"和"模糊论"的方法直接继承于初始观察,而标准质量理论是"自主论"的一个具体观察视角。"信息论"和"模糊论"的策略与方法对于标准质量学的研究是十分重要的。

而"分类学"则是标准质量学的一个重要领域,分类是标准质量活动中最重要的活动,直接继承原始观察,是离本质最近的映象策略学,两者是相互递归、相互促进的主客关系。

4.2.1　"信息论"与"模糊论"

自从"信息论"问世以来,信息就成为尽人皆知的术语,人人谈信息,好像不谈信息就不是现代人,而实际上很少有人真正清楚信息是什么。

信息在学术领域中的解读与字面上的理解有很大的差异,信息理论中的信息对应拙著《自主论》中的缘标,而一般人从字面上理解的信息其实是《自主论》中定义的**缘媒**。缘媒的概念很像信息学中的**信息子**,但信息子是一个"虚"概念,是一种非物质属性,而缘媒是一个"实"概念,是一种物质形态。学术界所使用的信息的概念有两种,都是对物质本质认知的一个策略映象,这两种概念中的一种是"信息论"的原定义,另一种是"信息论"原定义的逆。

"信息论"将信息定义为:信息即不确定性。

逆"信息论"的信息定义为:信息即确定性。

谈到信息和"信息论",是因为界和缘与信息有着千丝万缕的联系,但并不相同。

界论与缘论是关于界和缘的认知,而"信息论"中的信息仅仅是对界或缘质认知的一种,以及在这种认知下的数学表达。

"信息论"认为物质的本质即不确定性,这是近界观察所产生的印象;逆"信息论"定义信息为确定性,这是远界观察所产生的印象。所以信息技术领域主要采用"信息论"的原定义,而科学界则主要采用逆"信息论"定义。

但界论研究的是界本质,逆"信息论"研究的是界策略;缘论是缘质、缘象、缘性与缘态的全表达,而"信息论"只是缘质和缘的策略或方法表达。因此,"信息论"及其逆论属于界论与缘论的局部观察与正则策略论。

"缘"代表自然本质,"信息"是关于缘质的策略学和方法学术语,而"关系"则是缘的状态术语,因此缘这个概念包容信息与关系这两个概念。在本书中,一般不采用"信息"和"关系"这些术语,而主要使用"缘"这个术语,以期让读者体会其整体性意义。希望读者了解的是,"信息论"所提供的方法体系是界、缘策略与界、缘分析方法的正则表达(即可传承表达),而界与缘本身是只能觉悟而不可传承的。也就是说,"信息论"及其所形成的学科体系是界论与缘论的正则策略论与方法论体系,界论与缘论是"信息论"之源或全表达,"信息论"及其逆对界论和缘论有依赖性。

在泛集体系中,"信息论"主要针对媒泛集 M 和媒核函 f[ ],"信息论"中的信息定义体现模糊、类时空和时空特征,而逆"信息论"定义则体现物质特征。

"信息论"与"模糊论"之间的关联性是很明显的,"信息论"中的"不确定性"与"模糊论"中的"模糊"是同一属性的不同表达方式,他们都体现观察现象与对象本质之间的相异性(见后文的观察原理2)。就学业特点来说,"模糊论"更接近于知识层或逻辑层,是"信息论"的方法论;"信息论"更接近于觉悟层或因果层,是"模糊论"的策略论。

从拙著"自主论"的探讨可以看出,它与"信息论"和"模糊论"之间有着千丝万缕的联系,《自主论》中的本质、本象与界,在学术上可以用"模糊论"中的两个确定区间和一个模糊区间来表示,而"信息论"则将两个确定区间进一步解析为确定的不确定区间(本质)和确定的确定区间(现象)。但《自主论》本身追求的是让所有不确定性向确定性转化,也就是说,"信息论"主要研究在微观不确定性基础上提升宏观确定性的策略,而《自主论》则不仅研究宏观确定性提升策略,还研究微观确定性提升策略,这两类策略的全体构成标准质量策略。所以笔者认为"信息论"和"模糊论"是标准质量学的正则策略论和正则方法论。

4.2.2 分类学

"分类学"、"信息论"和"模糊论"都与界论与缘论有最直接的继承关系。

"分类学"本质上是"界象学"与"缘象学",即建立可传承的界象与缘象的学术。在泛集理论中,"分类学"代表**象解算学,**也就是由定义泛集向数学定义解算的学问和学术。

"信息论"与"模糊论"是策略学与方法学,是对界象与缘象进行定量分析的学术,依赖于象解算来提供运算因子,因此"分类学"在先,是泛集与数学集合之间进行沟通的缘媒学,是科学之始。

传统集合论依赖"分类学"的象解算结果,而泛集的概念使集合论可以直接用于表述事物的本质,因而有可能使"数学"本身实现对"分类学"的超越。

"分类学"的泛集象解算本质是多泛集求定义同,即在不同自然泛集的定义泛集中发现相同定义泛集的学问,相同定义泛集越少,元素的差异性越大,泛集的包容性越强,越具一般性,学业层次越高。实际上,自然界本身是相同定义泛集最少的(只有一个共性:本、异与法),因此哲学在学业中的层级是最高的。

象解算是一个非定参解算系统,即没有解算的参照物,是以穷举比较策略为主体的系统;而数学计算则是定参解算系统,即先有一个解算参照物,再以其为基准进行计算,这是分类学与经典数学在方法学上的本质区别。统计数学在一定程度上解决了非定参解算的问题,但进制本身仍然是数论体系中的伪参,只有解决了随机进制的解算问题,数论体系才能再进一步向集论靠拢。

事物的分类可有界象(以界论为基础)分类和缘象(以缘论为基础)分类两种分类方式,界象分类形成领域,缘象分类形成科目。常用的树状分类结构是单祖分类结构,同一个分类树中界象分类和缘象分类具有自然的对抗关系或不相容性,同时采用就会产生悖论,只有在矩阵观和主体观分类中,同时采用界象分类和缘象分类才不会产生悖论。

分类是识的一种表达方式,体现了人对自然事物差异性(几何界与属性界)的认知。笔者在拙著《自主论》一书中介绍了界的本质与形态,对界本质与界形态认知的不同,会直接导致不同的分类法,因此,有人把"分类学"作为最高级的学问之一,笔者认为一点儿也不为过。但自然有其自然的分类,即定常核函,根据分类空间的不同而有不同的表达,在几何空间中表达为"界象",在属性空间中表达为"缘象"。人的主观认知与事实越接近,所获得的结果越好。事实上,界象分类比较容易和直接,而缘质本身只能悟而不能感,也不能传承,但缘性可以通过缘象而觉,因此能够传承的依缘分类只能是"缘象",即将缘性映射为"界象"。

人们对分类的认知有三种境界:单祖观、矩阵观和主体观。虽然主体论早在几千年前就被提出,但由于人类技术手段的不足,直到今天才可能真正实现。下面笔者将三种分类法的主要差异进行一个简单的陈述。

4.2.2.1　单祖分类法

单祖分类是界象分类或缘象分类,这是最简单也是最早被应用的分类观。

　　界象分类法依据的是包容逻辑,缘象分类依据的是传承逻辑。两种分类法都以树状分支系统表达,是以层级与分支为特征的。这种分类法将事物按照包容性或传承性分为若干层(即辈分),分层的根据是分支,如图 19 所示。

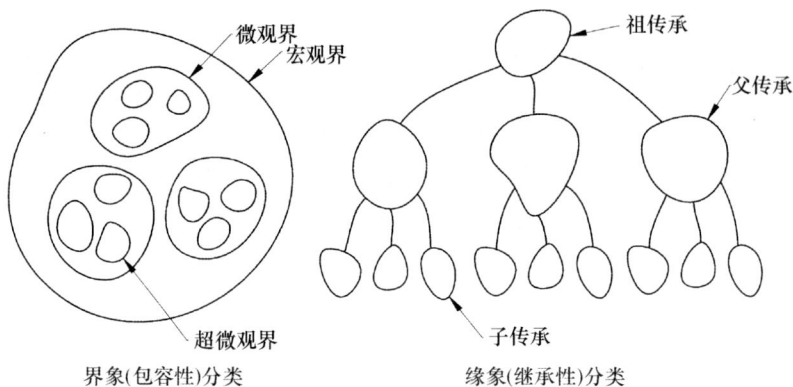

图 19　界象与缘象

　　上述关系用拓扑的方法可以表达为相同的分类图形,这便是"体系",如图 20 所示。

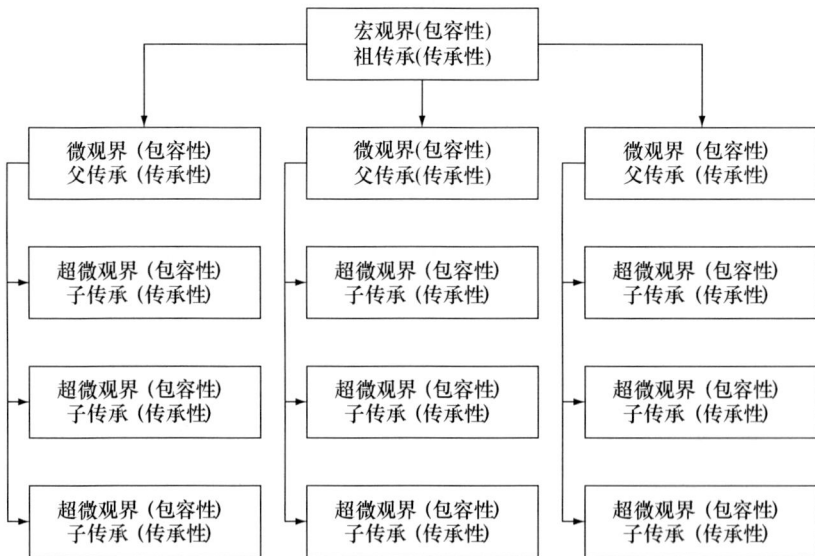

图 20　体系

　　单祖分类是"在维、单向、静缘"分类法,体现"在维"(逻辑)观察特征。由于观察者只是在观察自己假定为"是"的维度,因此同时只有一种向选择(或者溯源或传承),在这种选择中,缘被假定为始终不变,没有演化的[1],因此是静缘。如果我们能够超越所在维和所在时间点,我们将发现客观的系统并非如逻辑显示的那样只有一维,只能选择一向和缘不变。

　　举例来说,一个人的传承是有父系和母系的,这相当于存在两个溯源维度,由此上溯,并非一定如单维所表现的那样越追溯越少,而可能越追溯越多。相反,由此下传,也并非如单维所表现的那样越传越多,而可能越传越少。同时,缘并非一成不变,时间是一个魔法师,会让一切传承变得面目全非。因此,单祖分类本身具有很强的主观性(目的缘),而且是高损失分类法,即每上溯一个分支点,便会损失很多事实缘。单祖分类最大的优势是,记载方式相对简单(二维)和容易传承。

　　在泛集理论中,单祖分类代表单维定义泛集,即只有一个象维度的定义泛集[2],可以是单界象性集,也可以是单缘象性集,表达为 e_i 或者 r_i。

4.2.2.2　矩阵观分类法

　　矩阵观充分考虑了多种维度的存在与相互作用,是一种异观维分类法。这种分类法并没有推翻单祖分类,而是在单祖基础上演化而成,他将不同的传承系以正交维的方式结合在一起,形成时断面矩阵(时断面矩阵是静缘状态,如物理诸学),再以时断面矩阵加上时维(缘变维)而形成全矩阵框架,如图21。

　　这个矩阵是多维矩阵,但为了方便表述,笔者用三维方式画出,其中的每条坐标轴都代表一系列具有相似属性的、相互正交的坐标轴的总和,笔者把这样的坐标轴系列称为**维族**。就当前已被识别的维而言,可以分为三族:一是空间(几何)维族,是数学研究的主要领域;二是效应(物理)维族,是物理学研究的主要领域;三是时间维族,是哲学(工程学)研究的主要领域。

---

[1]　事实并非如此。
[2]　参见李俊昇:《自然泛集与定义泛集》,载李俊昇:《自主论》,知识产权出版社2015年版。

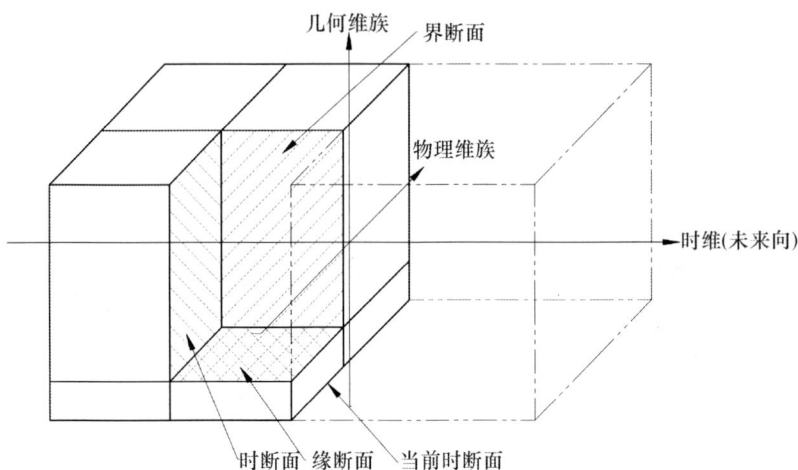

图 21 矩阵观

在图中,还存在一个超越矩阵的观察隐维族,也就是观察者所在的位置,它正交于矩阵中的所有维族并包容这个矩阵,是哲学的领域,代表哲学不仅在矩阵中占有半个区间(未来半区),在矩阵之外还有更多的部分。

这样的方式更接近自然的本质。在这个矩阵中,时断面上的每个元素,都可以以一个确定的溯源规则沿时维回溯找到其始祖和继承关系(即单维缘象分类结构),也可以在相邻的时断面矩阵间发现近缘关系(即单维界象分类结构)。由于传承需要时间,而在有限时间内缘媒的运动范围(空间)有限,因此两个时断面间的距离越近,时断面上表现的缘关系也越近,但随着时断面间距离的增加,缘媒运动空间也在扩大,时断面上的缘关系也越不确定。

矩阵观分类法是无损分类法,比单祖分类法更接近自然分类的本质。但矩阵观分类的数据量是比天文数字还大的数,比无穷大还大的数,可称之为天数(在拙著《自主论》中笔者把这样的数定义为"宏",用符号"⊕"表示),难以把握,因此具体的分类仍有倾向性。实务系统通常是利用时断面矩阵,以包容关系进行分类;而学业系统则通常是利用界断面和缘断面矩阵,以定缘关系进行分类。

时断面分类即界象分类,时维分类即缘象(界断面也是缘象)分类。

在泛集理论中,矩阵观代表存在泛集 EX 和自然泛集 A,是工程学的研究对象。

也许会有疑问,难道科学不是同样采用图 21 的方式观察自然的吗？是的,科学也是借助观察隐维族观察自然,但科学选择了有实证(矩阵内过去半区中的显性部分)为自己的领地,因而无法超越时间之界(当前)。所以笔者认为科学不是哲学,但真正的科学家一定是有哲学造诣的,在这一点上与工程学家没有差别;同样,工程学家也是用科学的方法陈述所见,这一点也与科学家没有差别。实际上,物理学与数学本身不是科学,而是以建设与完善过去半区为目的的哲学门类,而工程学则是以建设未来半区为目的的哲学门类。

4.2.2.3　主体观分类法

虽然矩阵观分类法是无损分类法,但过大的数据量无法传承,而界象分类与缘象分类又损失太大,因此,以矩阵观分类为基础,依权重进行选择性存贮的分类法是一种相对均衡的分类法,这种分类法即是主体观分类法。

主体观是在矩阵观基础上向显性事实(得缘)收敛的分类法。

我们可以看到,矩阵法基于均匀假设,而自然演化的事实告诉我们,物质系统是有限的,物质总是离散(非均匀)分布于时空中,有些地方密,有些地方疏,传承关系和地缘关系都会影响分布特性。主体观本质上是以全矩阵为时空框架,但只记载事实节点(主体,传承分岔点)和缘关系,呈现图 22 所示的多缘拓扑结构。

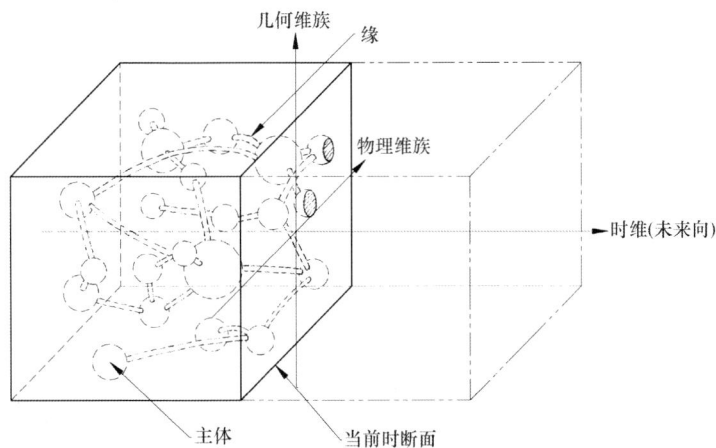

图 22　主体观

由于人脑对空间维度感觉只有三维,而文字记载工具则只有两维,因此矩阵观分类法和主体观分类法难以由人脑和文字记载工具实现,但电脑技术的发展,使得主体观分类得以实现。

总体上讲,科学的分类主要采用的是单祖分类,但未来必将走向主体观分类。而工程学则无论是过去、现在还是将来,采用的都是矩阵观分类,并将焦点集中于主体观分类的异。也就是说:科学更为关注"密"与"同",而工程学则更为关注"疏"与"异"。

在泛集体系中,主体观代表显性(物质)性集[a],是科学的研究对象。

矩阵观与主体观已经不是过去的静态分类概念,而是因观察方式的不同而异的动态分类系统。矩阵观在细化时,一般依区域划分;而主体观分类则由一个主体根据缘关系的远近无限延伸,但每一个节点都是一个对等的主体,是主客关系而不是主从关系。矩阵观分类与主体观分类的最大不同是矩阵观允许模糊,也就是主客之间没有清晰的界,而主体观则是界限清晰的。

4.2.2.4 三种分类法的比较

单祖分类法具有对"祖"的主观选择性,或者以界为祖,或者以缘为祖,均以分类者的主观认知为选择的前提,因此是典型的主观分类法,是远离自然本质的。

矩阵观与主体观都没有这种主观选择性,因此是异观分类法,更接近自然的本质。

之所以这样说,是以分类法的基础或前提为根据的。

单祖分类法成立的前提是假定存在唯一不变的"祖",这是违反自然原理和自然规律的认知误区,正是由于这种误区,才会出现用病毒来定义人的笑话。总有人希望找到"人"的始点,《自主论》认为这是不可能的,"人"的定义永远只能以"当时"为原点向过去与未来有限延伸,并且不能触及演化分岔点,意味着**"定义只能追随对象演化"**,而不可能反过来。所以单祖分类法是不能无限延伸的。

主体观分类法虽然没有主观选择性,但依赖显性界的存在,也就是说,在不同对象之间存在清晰的"间隙"是这种分类法的前提,这个前提使得主体观分类法不适用于社会性系统和互生系统(关系环)。

矩阵观分类法是不以显性界为前提的,是一种追随自然而变的动态分类系统,它基于但不依赖于观察能力,推动观察能力不断地提高,使原本隐性的界不断变得清晰。

实际上可以采用一种过渡型分类,这就是在主体观分类中加入模糊性,形成模糊型主体观分类,这样可以使主体观分类向矩阵观分类进行可接受的趋近。实际上,用模糊型主体观分类极限的概念更容易理解矩阵观分类。

从学业角度说:单祖分类法是初级的分类法,是入门的学问,他最容易掌握,但不能无限制延伸,也就是说,单祖分类法不能作为信仰与觉悟传播,否则必将导致社会的信仰危机;主体观分类法是相对均衡的分类法,可以利用工具实现,是突破人体自身记忆极限的有效系统,但不是觉悟系统,同样不能无限制延伸和作为信仰与觉悟传播;矩阵观分类法才是信仰和觉悟分类法,它不仅突破了人体自身的极限,也突破了工具的极限,是唯一能够无限延伸的分类法,也正因为其能够无限延伸,因此是不可传承的,只有极少数达成觉悟的人才可以把握。

严格意义上说,矩阵观分类已经不是传统的"分类"概念,而是"分维"的概念。但如果将维也视为类(属性)的话,矩阵观仍然是"分类",只有进行分维观察,才更有利于发现新的自组织原理,因此矩阵观分类能力是"创新"与"预见"的思想基础。

在《自主论》中,单祖分类法仅适用于既有物质系统中的有限传承代;主体观分类法仅适用于物质(显性)系统;矩阵观分类法则既适用于物质(显性)系统,又适用于类时空(隐性,可显未显)和时空(不可显)系统。

探讨分类法,是因为分类是标准质量学的重要研究领域,作为应用系统,标准质量学将推动分类学由单祖分类向主体观分类的演化,而作为学业系统,标准质量学将引导分类法向矩阵观分类提升。

5 学科溯源

5.1 学科原理

本书的根本目的在于进行标准质量学的学科溯源,因此,有必要对"学科"这个概念本身进行解读。

本章是对学科自然原理的观察解读,是"学科我见",只是直接陈述个人见解而无意于与人争辩。

5.1.1 基本术语解读

要寻求学科之源,首先需要知道什么是学科,要知道什么是学科,先要知道什么是"学"。

《百度百科》中对"学"是这样解释的:**效仿,钻研知识,获得知识**。

字源:古字中学是双手构建房屋状,后加义部首"子"而成学(學),意为学的主体是孩子。

字典认为"学"有五义:

1) 模仿;

2) 传授知识的地方;

3) 掌握的知识;

4) 分门别类的有系统的知识;

5) 教授。

从上述五义中,我们可以理出这样的头绪:"学"字涵盖了一类活动与结果的全部,这个活动是由效仿、钻研到获取,再到传承的全过程。但是,其中对结果只讲了知识,却忽略了两个更重要的内容:技术与价值。

依字源古义,学是"盖房",加部首"子"后引申为"教孩子盖房",可见"学"的原意是通过观察与传授,使自己(以自然为师)和孩子(以己为师)获得谋生(价值)的技术与知识,而后人却只见知识不见技术,由古人的"虚实兼备"变成了"以虚谋虚"。

学的目的在于价值,而知识仅是学成就的低级阶段,高级成就是觉悟。在觉悟中,包括了行觉悟与思觉悟,行觉悟是技术,思觉悟是学问。只有达到了觉悟的层次,才真正具备了环境适应力和创造力。

因此,笔者认为,对"学"的解读应恢复古字的本义,故对"学"做如下定义。

【定义 23】 学是通过观察与效仿,获得关于价值的技术、知识与觉悟,并通过传承使其延续的活动的全部。

《现代汉语全功能词典》对"学业"的解释是:学习的功课和作业。

对于这个解释,个人亦不敢苟同。

《百度百科》中,对"业"的字源有所解释:业,古字为"業",原意是大版,指悬挂编钟、编磬等大型编组乐器的架子,后又引申为墙壁、书籍的版面,以及"因果"中的"因(佛家学说)"。

因此,"业"具有宏观框架、领域、基础、积累、根据、承载、防护、理由、原因的含义,从中可以看出,"业"表达的是整体的"基础和保障",代表一切**"即有因"**,而不是局部或具体对象,以"功课和作业"来解读学业是不恰当的。因此,本书对学业做如下定义:

【定义 24】 学业是学的基础、积累与保障。

5.1.2 学业三维

笔者认为学业有三个维度:学问、学术、学缘。

《现代汉语全功能词典》对**学问**的解释是:**正确反映客观事物的系统知识。**

《现代汉语全功能词典》对**学术**的解释是:**有系统的、较专门的学问。**

对于上述解读,笔者个人亦不认同。

第一,这两个术语的解释重复,而且并不符合我们的普遍认知。

我们通常会说:"××人很有学问。"而很少单独使用"学问"这个词汇来代表一个系统,可见在中国的语言习惯中,学问始终是与具体的个体有关,是与一个人的个人能力和境界直接相关的。《百度百科》中对学问的解读是"掌握的知识",亦表明学问与具体个体有关。

第二,知识是有形有象的,但学问不仅仅包括有形有象的部分,还包括无形无象的部分。

第三,学问的价值并不在于其是否系统,而在于其同本质接近的程度。对于具体的事实,只会有具体的学问,特别是新生系统,只有唯一的一个,也就不可能有系统的知识。

第四,"正确与错误"这一对词汇本身与"学"是有冲突的,"正确与错误"只能用于描述结果(事实),而不能用于描述技艺与知识,只有大自然才有资格评判技艺与知识的"正误",人是没有资格评判的。而且,二律悖反的原理告诉我们,世界上不存在"客观是非",因此,"正确"这个术语用于"学"本身就是违反自然原理的。

本书对学问做如下定义:

【定义25】 学问是学成就全集。

这里并没有把"学问"与"人类"联系在一起,也没有与"正确"和"系统"联系在一起。凡具备学习能力的事物(如人工智能)都能达到一定的学成就,因此,"学之本"可以是人,也可以是其他有学习能力的系统。

需要说明的是,学问代表一种事实达成,代表一种本质,而不是表象,背下全唐诗不代表有学问,不懂诗也不代表没学问,所谓术业有专攻,不能用一个领域的指标去评价另一个领域,甚至不能用指标评价学问,凡显性的指标,均代表现象,而不代表本质。真正的学问是通过"穷诘"的方式了解的,即由一个问题开始连续追问,直到无法回答为止,最终无法作答的问题即代表学成就的高度与广度,因此才用"境界"作为描述学成就的指标。

《百度百科》中,"术"的古义是道路,引申为途径、策略、方法(手段)。

因此,学术不是学问,而是获得学问的途径、道路、策略、方法(手段)。

【定义26】 学术是获得学问所采用的策略(道)和方法(法)的全集。

谈到策略与方法,有必要涉及因果,学缘即与学相关的各类因或资源,定义如下:

【定义 27】　**学缘是学的"因(资源)"全集。**

所以,学缘、学术和学问分别代表了"学"的资源、途径与收获,他们共同构成学业。

5.1.2.1　学问的境界

学之根本在学问。

一切诸传承,以原观察与原觉悟为始,因此**学业的根本不在于知识体系,而在于具备原观察与原觉悟能力,并且达成原观察与原觉悟事实的个体。**

学问是依附于学习主体的维度,只有对个体的事实达成,才称学问。

任何个人都不可能掌握自然的全部,因为人是有限的,而自然是无限的,因此,个人成就体现于其学问的境界而不是多知多识。

境界是"境"与"界"的合称,境界的根本是对于"本异"与"主客"的觉悟水平。

"本异"觉悟体现了学之本的思维运动所达到的高度,是"境"体现;"主客"觉悟则体现了学之本的思维运动规模,是"界"体现。

所谓原观察与原觉悟,本质上是学问的主体直接通过对自然对象的观察、思考与求证,建立了最接近自然对象本质的仿真模型族(核函与核参)。

存在于原观察系统中的模型族与被观察对象之间具有直接的缘媒交换,并且包含了应对观察模糊的调整策略,因此最接近对象的本质,这种状态即是学问。

为实现向他系统的传承,这些模型族需要解算为策略(正则)模型(比如公式与运算法则),并且将直映象或策略象解算为定义象(概念、定义、量),这便形成了知识。作为知识的模型仅是原模型族的解算模型而不是原模型族,其中一般并不包含模糊调整策略(现代数学理论是包含模糊调整策略的,如实变函数),其象和参也是解算象(标识、定义象)和孤立法参(没有实参作基础)而非本象和对象指针,远离对象本质,还普遍存在参传递链条不完整的情况,因此绝大多数接受传承的个体不能在模型与本质之间建立正确的联系,而仅仅是有象无质,如图 23。

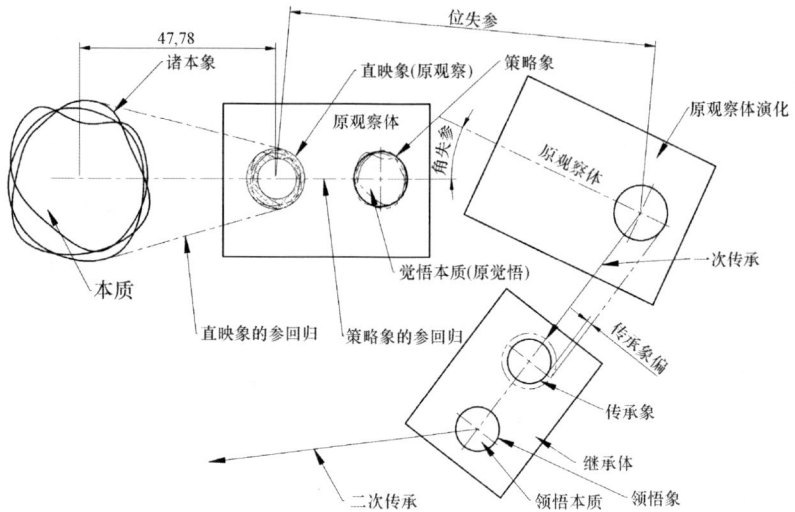

图 23　原观察与传承

　　图中的原观察体由对象的本象接收缘媒并形成直映象,这便是原观察,对于对象本象的变化,原观察体受自身观察能力的限制难以保证对本象的及时跟踪,因此很多情况下直映象是模糊的云界(见《自主论》相关章节)象,本质是完全观察不到的,而直映象未经过策略处理,向对象进行参回归时是以界回归的,是一个范围而不是一个点。

　　为了求得本质,原观察体会用策略进行仿真形成对本质的觉悟(原觉悟),当使用原觉悟向对象进行参回归时,一般不再用界回归,而是采用点空间(见数学集论中的点空间理论)回归,这个点空间一般体现为数学均值,也就是说,原觉悟通常是由一界一均值构成,与无穷大的本质和本象相比,原觉悟变成了两个点空间形象。

　　当原观察体演化时,如位移、转动等,对象可能已经不在视野中,此时会出现角失参(转动)和位失参(位移时),但由于原观察体存有直映象记忆,因此他再次遇到对象时容易确认同一。但当它向继承体传递时,通常只能传递策略象(点空间象),而无法传递回归参,因为他已经失参。并且,在传递策略象时,还可能出现传承象偏,这同它的传承方式和继承体的接受能力都有关,另外还存在比较基准缺失的问题(比如,你告诉另一个人一个英寸为单位的数据,但他从没有见过英制刻度尺,那么他的数据概念就会与你的有偏差)。所以,一次传承中即已经出现了传承象偏和失参问题,到二次传承时,失参问题更为严重,又复合了二次传承象偏。

科学一直在力图解决传承象偏的问题,但针对不断变化的大千世界,参传递链条的缺失始终是难以解决的。实际上,实践的重要意义之一,就是补齐这些中断的参传递链条,最终使继承体可以溯源而上,直接对对象进行观察而真正觉悟本质。

用于传承的策略象即是知识,而只有原观察与原觉悟才是学问。因此,有知识不代表有学问,接收与记忆一万条知识也不代表有一个学问,就像一个硬盘阵列容量再大也不是学问一样,学问与知识之间有着本质的差别。只有沿着传承的链条回溯到原观察者或原觉悟者,并完成对对象的参回归,才能找到对象指针而成就学问。所以**读万卷书,行万里路也不如拜一明师**,明师是达成真学问(自己达成了原观察与原觉悟)的人,只有他才能**复原路径,指点迷津**。

在学问中,可以有三系:正则系、奇则系、包容系。

所谓正则系,是建立在大数定律[1]基础上的学问,大数定律的表达方式是规律。所有属于科学门类的学问,都体现为对规律的把握。符合大数定律,代表相应事物大量重复发生,也就是高繁殖家族,是一象多质的多赝品系统,这是科学研究的对象。但由于对规律性认知的主观加权,容易对非规律性事物(低概率事件与新事物)由最初的忽略发展为排斥,一旦形成排斥,便走入偏激与误区。[2]

奇则系则正相反,体现为对小样本的把握,基于原理,表达为敏捷。所有属于技术学的学问,大都体现这种特征。由于小样本所体现出的级跃性和偶然性(非规律性和是非性),奇则系则容易对规律由最初的不屑一顾(轻视、侥幸)发展为排斥,一旦形成排斥,便走入偏激与误区。[3]

实际上,向与率的乘积才是事物的全部。我们用一个圆做个形象

---

[1] 概率论的基本定律,表明只有足够多的同类样本(缘媒),才能体现出良好的概率性或规律性;但"信息论"却告诉我们,同类样本越多(信息频率高),信息量越少,因此规律性本身所代表的是缘的向(宽度)有限性与率(长度)无限性。

[2] 庸俗科学或科学迷信,用率无限性涵盖向有限性。

[3] 经验主义,唯能力论。奇则所代表的是界的率(半径)有限性与向(矢角)无限性,经验主义与唯能力论用向无限性涵盖率有限性。

的比喻,缘就像圆的一个半径,而界则是圆周,两者之间是互参的关系,没有半径不成就圆围,没有圆围半径就没有原点。缘沿界的扫描是连续的(分解无限性),界沿缘的扫描也是连续的(整合无限性),但只要两者没有互参运动,其自身的积都是零(半径零宽,射线零角),只有一个非零半径和一个非零角互乘才是一个非零积(事实,有质)。

学问即是界与缘的互乘。

科学在这个互乘体系中代表缘(半径,界运动),技术学代表界(角,缘运动)。包容系则是等观正则与奇则,法无定法,因境而用,是界与缘的互乘法则与乘积。工程学即这样的学问,也就是说:

$$工程学 \Rightarrow 技术学 \prod 科学 \tag{17}$$

"思不过界人过界"是自然界的本有特质,是**"有思无行,有行无思"**的原理体现。"思"是方法和规律,代表正则,代表过去人的能力;行则代表策略与原理,代表奇则,代表现在与未来人的能力。人类自身能力的提升,使过去不能突破的边界不断被突破,但真正具备这种能力的人在整个人群中永远是极少数。因此对于多数人来说,思(方法,算法)仍然是重要的和唯一可行的,即使对极少数可以过界的人来说,"求思(法)"仍然是不可省略的阶段。"算法"就像一个人走路的能力,一个人不会走路,就谈不上达成目标;即使一个人可以日行千里,没有走在通往目标的路径上,也达不成目标;即使走在通往目标的路径上,不能觉悟目标,也会数过而失。法为正,道为奇,悟为本,达师是资质(先天条件)、知识(正)、技艺(奇中正)、道行(奇)、机遇与觉悟(本)六者都具备的人,没有这样的人引导,虽有资质、知识、技艺、机遇,但却失道(参传递链条不完整)、失本(不识目标),是难以有达的。

无论正则系的学问还是奇则系的学问,只要认识到正则与奇则之间的这种有机联系,而不是走入对对方的主观排斥,最后均会走向包容系(互乘)而达到更高的境界。因此,包容系是正则系与奇则系向对方融合的结果。

总体来说,思维居缘向界,实践居界向缘,两者之间的跨度越大,觉悟的水平便越高,所谓"境界",其实是本参而不是异参,即以自己的实践为基准的比较结果。

与自己的实践相比,觉悟由实践向异观的跨度越大,则缘认知越强(境高),表达为"思无涯"、等观思想和规律意识;觉悟由实践向本观的跨度越大,则界认知越强(界大),表达为"行有度"、对位思想和原理意识。

因此,"境界"表达了思维向界与缘两个方向的延伸水平。单纯一个方向的延伸不成"境界",向宏观为有境无界,向微观为有界无境,只有双向延伸才能形成"异观"而达成境界。

主体的学问,由低到高有三重境界,知象识类、觉在悟质(性)、觉本悟来。

【定义28】 知(感)象是观察系统通过感官接收到对象的缘媒而获得对象的界象的过程;识类是观察系统通过对知(感)所形成的直接映射象同已知对象的记忆象进行比较而识别归类的过程与结果。

【定义29】 觉在是观察系统通过内部缘媒运动所形成的象的运动而发现对象的"尚在"性的过程;悟质(性)是观察系统通过内部缘媒运动由有象而知质的过程与结果。

悟通常是通过"大胆假设,耐心求证"的方式实现的。

【定义30】 觉本是观察系统通过内部缘媒运动仿真而获得对象"真本参"的过程;悟来是观察系统通过内部缘媒运动仿真而知对象生灭的过程与结果。

所谓本质,其实是"尚在本中"之意,也就是仍留在被观察对象界中的部分,观察所感都是缘媒,缘媒自观察对象离开,即已不属于对象,因此不再是对象的一部分,仍然留在原处的才是对象的"本(界)"与"质(核)"。

质的运动方式即是核,本则是"界内",无缘媒而知界在,无缘媒而知核在,这便是觉的过程。

知与觉是行之果,体现为"技艺",识与悟是思之果,体现为"预见"。

知与识是建立在有外部缘媒到达的前提下的,代表对过去与现在的了解(严格意义上说只是过去);而觉与悟是建立在没有外部缘媒到达的前提下的,代表对未来的了解,因此,悟的显性特征是预测性和预见性,这是通过知因果而实现的。表2表达了学问的六重境界之间的关系。

表 2 学问的六重境界

主层级	境(外见与内见)		界(覆盖)		对象特征
	亚层级	内容	亚层级	内容	
超层,原观察层	觉本	本异之界	悟来	原质、因果	缘媒不可达(未来)
界外层	觉在	本质尚在	悟质(性)	内(外)缘	缘媒有而未达(现在)
界内层	知有	有无	识类	象之异同	有缘媒(过去)

举例来说,天文学家通过对天王星运行轨道的观察,发现异常,因而觉察到了另一个大天体的存在,并最终通过计算仿真,预先确定了这个大天体的运行轨道,进而引导发现了海王星。由天王星的运动异常而觉察大天体存在是觉的过程,确定海王星的运行轨道是悟的结果。近年来不断发现的太阳系外的类地行星,都是通过觉悟[1]的方式确定的。

最高的悟境界,是不必通过外部缘媒而知异之"生(由来)"、"在(尚有)"与"易(演变)",即悟来。

也就是说,学问的层次是根据观察本相对于对象(界)的关系划分的,其中最高层级是超层(信仰层)和原观察层,其次是界外层,最低是界内层。

超层并不是宏观层,而是不在对象所在的维度,而宏观层与微观层并没有维度上的差异,只是依界而分,界外层即是宏观,界内层即是微观。因此,对于超层来说,宏观、微观与界是平等的存在。由于界自身的特性,宏观不见微观,但微观可见宏观,因此宏观只能通过觉与悟来了解微观,但微观可以通过知与识来了解宏观。同样,由于维本身有维界,超层对维内事物同样只能觉悟而不能亲见。因此,真正达成觉悟境界的观察本,必定是由界内层经界外层而至超层,这样的过程可以叫做"实中悟虚",而不可能"虚中悟虚"。所以,靠读书治学所达成的是"虚中务虚"的假境界,只有同时向微观和宏观两个方向观察而获得的觉悟才是真境界。

假境界与真境界可以用一个最简单的办法区分,即**闻其言而知其质**。

---

[1] 通过恒星运动的异常而觉行星的存在。

所谓"俗"者,知识之象,所谓"雅"者,觉悟之象。

假境界是"雅相而俗质",是典型的"知名[1]学者"或"术语[2]专家",即只会引经据典,罗列名词术语,通过重复圣人之言而附庸风雅,而不能做通俗化解读[3]。其典型特征是"以圣人言证自己"。凡此者,常会这样说"人家不是这样讲的"、"人家不是这样理解的"、"专家不是这样说的"、"错误",等等;

真境界则可以应境而变,用最通俗的语言阐释最深奥的道理,即所谓"返璞归真"。其典型特征是"自证伪",即总是不断地证明自己之失。凡此者,常会这样说:"这个本身不错,不过对你不合适,因为前提不同"、"这个术语在你们这个领域代表…"、"这两个术语相近,但含义略有不同"、"我用这个术语代表这样一种事物,在具体的领域叫法会有不同"、"可信"、"误区",等等。

所以,既能钻研高深的学问(觉己、觉行),又有普及能力(觉他)才是真觉悟,故真觉悟者,同真理本身一样具有"俗相而雅质"的特征,也就是以世俗之象表达深刻的内含。因为只有对真理的"真知",才能识其本象的世俗一面。

知是在两个相异系统之间通过缘媒的传递发生的,缘媒可复制,可传递,因此可以传承。识虽然是在本的内部进行的,利用的却是过去的知所形成的象,象由缘媒与缘标构成,也可复制,因此也可以传承。识有记忆的前提和规律性保障,因此也可以传承。

但觉与悟都具有**乏媒乏象特征**,也就是没有或只有很少的缘媒、缘标或样本用于支持和复制,只能通过主体的假设、仿真、实践与证实获得。更重要的是,因为缺乏缘媒,所以无证或少证,取信困难。

觉悟如果完全依赖内部缘媒获得,则为无证觉悟,是信仰层;如果只通过极少的低概率外部缘媒或外缘异常获得,则为乏证觉悟,是原观察层。信仰层具备预见未发生事物的能力,而原观察层只具备分辨既有事物的能力,原观察层是分类的基础。

依赖实证的科学,从其主观选择上就已经决定了他仅限于知与

---

〔1〕　知道名称的"专家"。

〔2〕　会背术语的"专家"。

〔3〕　因为通俗化解读的前提是具备原观察能力,因而可以用最常见的异象喻本象,使人更容易理解。

识,是有象的,属可传承的层次,而奇则系与包容系都处于觉悟层,属乏传承的层次。[1]

哲学是个人觉悟,知识是组织觉悟。

为什么这样说?因为觉悟都是通过内部缘媒的运动形成的,对于一个个体来说,觉悟的成因是缺乏外部缘媒,因此利用内部缘媒(脑皮层神经元间的生物电荷)运动进行仿真形成,其他人是看不到的。而对于一个组织来说,有形有象的知识,同样是内部缘媒运动形成的,组织之外是看不到的。

同样,一个个体的觉悟运动是通过神经实现的,神经在整个人体中只是一个很有限的局部,是整体运动的组织核心;而知识运动在整个组织中也只是局部的,是整体运动的组织核心。个体觉悟决定个体的行为,组织觉悟决定组织的行为。

个体的觉悟要翻译成肌肉(低级系统)读得懂的缘标(运动指令)来指挥身体的运动,组织的觉悟同样要翻译成多数个体(低级系统)读得懂的缘标(组织指令)来指挥全体的运动。

哲学对于觉悟个体之外的个体来说是乏传承的层次,知识对于组织之外的组织来说同样是乏传承的层次。

因此,学问中的知识层(包括科学的方法学知识和技术的工具学知识)对于组织来说是觉悟层,决定了基层组织对核心组织的响应水平。这也同样印证了笔者前面说过的:既能钻研高深的学问(觉己、觉行),又有普及能力(觉他),才是真觉悟。只有这样的专家才是对组织最有价值的专家。

实际上,人的成就有两类:一类是**行成就**;一类是**思成就**。行成就称为**技艺**[2],思成就称为**学问**。两种成就皆有外部表达,这种外部表达本质上都是"传承潜质",行成就表现了个体的内传承潜质(由高级神经向低级神经传承),思成就表现了个体的外传承潜质(由觉悟个体向未觉悟个体传承)。两者的源头是相同的,都是"学",因此"学"是技艺与学问的主干系统,但方向表达不同:技艺的觉悟是向内的,传承

---

〔1〕　科学与科学家是两个概念,科学本身是传承,科学家则是传承之源,因此,科学不是觉悟,但科学家可以是觉悟者。

〔2〕　实际上,技术学也可以分三个层次,最低的是技能,对应思成就中的知层;再向上是技术,对应思成就中的识层;最高层次是技艺,对应思成就中的觉悟层。

到的层级越低,觉悟性越强;而学问的觉悟是双向的,宏观与微观的跨度越大,觉悟性越强。技艺觉悟体现"精准与效率",学问觉悟体现"包容与安全"。

所谓技术,是技成就体系,也包括觉悟层(技艺)与知识层(技术)。

技术学、科学和工程学是相互独立的学业体系,以所采用的学习策略划分,可以分为实践学(工程学)、训练学(技术学)、实证学(科学)三门。也就是说,科学在本质上是内缘外化(无缘媒不能外化);技术学在本质上是外缘内化(无训练不能内化);而实践学在本质上是沟通内外(无实践不能沟通内外)。工程学所代表的即是实践学,是诸学目的与主体,**纯科学**与**纯技术学**都是学之误区,**都欠境界**。

5.1.2.2　学术的层次

学术也有两个层次,一个层次对应于知与识,另一个层次对应于觉与悟。前者为方法体系(法),后者为策略体系(道)。

【定义31】　方法是对确定对象的可导缘认知。

【定义32】　策略是对不确定对象的可导缘认知。

导缘是指引导两个或多个对象进行演化而实现同化或异化的过程。当对象间实现同化时,便会得缘而形成一个新的事物(整合);当对象间实现异化时,便会失缘而增加各自的独立性(分解)。根据不同的工程目的,会有不同的导缘策略,原材料工程通常是异化策略,而能源工程和制造工程则更多的是同化策略。

当对象确定后,缘性也是确定的,导缘仅仅是变界而已,因此,方法的导缘特征是变界(量变)。

而对象不确定时,缘性也不确定,只能依靠对缘质的觉悟,通过建立相应的环境来诱导不确定对象之间自行求缘、寻缘与导缘。因此,策略的导缘特征不仅仅包括变界(量变),也包括变缘(质变)。

方法知识源于对方法本身的规律性觉悟,也就是同类对象对不同环境的响应规律,这种觉悟是策略,策略即是方法论。因此,方法论是关于确定事物的正则学术。

策略知识源于对策略本身的规律性觉悟,也就是不同对象不同环境的响应规律性,这种觉悟是策略论。因此,策略论是关于不确定事物的正则学术。

正则学术是可以传承的,但单纯的传承未必能够达到学问的结果。方法论是有形有象的传承,形成的也是有形有象的结果,但这种结果仅限于知识。策略论只传承有形有象的标识,不能形成有形有象的结果,只是对被传承者走向觉悟起引导作用。

因此,即使是最低层级的学科也有觉悟,但可传承的只是方法、知与识,而不是觉悟,觉悟属于少数达成的人而不属于文献。

策略论与方法论本身没有确定的事实对象,都属于觉悟层,但策略论是觉本层,方法论是觉在和悟质(性)层,策略论包容方法论(方法论本身即是策略)。以兵法来说,中国古代兵家理论如《孙子兵法》即属于策略论层级,而《三十六计》则属于方法论层级。

中国人在评价一个人的境界时,喜欢用"道行"这个词,道行指的是对策略(道)的悟,即策略论层。策略论传承形成方法论,方法论的传承形成方法体系。方法体系针对有形有象的具体事物与属性,已经离开觉悟层进入了传承层,形成知识层中的法器维(方法与工具)。

工程、标准化与质量都是针对未来和不确定性的,需要的是觉悟,相关的学术属于策略论层级。

5.1.2.3 学缘种类

学缘为传承的物质基础,分四缘:本缘、境缘、道缘、文缘。本缘是先天传承,不可易;境源是自然本身,起点由先天传承而定,亦不可易,但终点决定于后天传承;因此学业只覆盖道缘与文缘两部分。

凡可传者,必为可感之物(缘媒),因此科学技术最多只有法(方法、集逻辑与数逻辑)、器(工具)、识(可比)、知(可感),再向上就不再是科学技术,而是各学科之界与传承源。

当学科有实界(具体物质形态)时,学科的传承源仍在知识层次中,是可传承的;学科无实界时,是研究自然本身的,归为一般论,传承源已不在知识层次中,这样的学科属于哲学体系,是难以传承的。无论科学还是技术,其最高的归宿都是哲学。

【定义33】 本缘是学习主体的本质。

换句话说,本缘指的是学习主体的个人资质或先天传承。包括结构、体质、聪明与悟性,此四者形成主体未来成就之界或极限。

结构是结构性传承(源自遗传基因),决定了主体认知的定性边界,比如人的大脑有四个神经层次,其中第四个层次主抽象思维,而其

他动物则没有这种结构,也就难以形成抽象思维,更难以觉悟;

体质(包括脑细胞总量)通常是结构性传承在复制成形过程中诸客观因素影响的结果,决定了主体认知的定量边界;

聪明是主体的感应能力阈[1],是形成知的基础;

悟性是主体的内仿特质,也即思维边界,对于人类来说,是大脑皮层中抽象思维层的开发水平。悟性通常表达为思维习惯,是唯一可以通过后天训练而有所改变的,但悟性不能脱离前三个要件而独立存在。

【定义34】 境缘是学习主体的后天环境。

境缘即是学习主体的所在,可选不可易。有人认为人生而不平等,这是一个误区,事实上,无论处于何种环境中,大自然的本质不变,只要有正确的认知途径,在任何地方都可以觉悟。

因此,境缘在四缘中是影响力最弱的。

【定义35】 道缘即师承。

师是学问的载体,是传承的源头,亦可称为**学道**或**学宗**,故有道缘与宗师一论,然而一切学问的源头都是大自然,而大自然用来向人类传承的是界与缘,这是所有学业的最根本源头[2],所以界与缘可以称为**学源,**学道与学宗是直接由学源接受传承的人。所有后天传承皆因于道缘,因此学传承也称为"师承"。

父母是孩子最早的老师,一个人悟性的基础是父母早期训练的结果,很多人认为境缘很重要,其实是将启蒙期的道缘(父母)误解为境缘。

在人的觉悟过程中,本缘与道缘是最关键的两种学缘。一只500毫升的饮料瓶不可能装下太平洋,本缘决定了学习主体可能达到的最高境界,而一个好的老师可以在不同的环境中发现针对不同弟子的正确学习策略,充分开发主体的本缘,引导他走向觉悟,即所谓"有教无类"。因此,有好的道缘,境缘并不是真正的问题。

师由低到高有四重境界:

1)蒙师(传识):通过训练开发主体的本缘,并传授常识(正则知

---

〔1〕 聪的本意是听力好,明的本意是视力好,推而表示天赋敏感。
〔2〕 见李俊昇:《自主论》,知识产权出版社2015年版。

识);

2）业师（传法）：通过传授方法，提高主体的实践能力以训练其觉性（见异觉在的能力）；

3）导师（道师，指向）：通过指引方向，使主体得以建立正确的悟性（因质悟来的能力）；

4）达师（认同）：通过问答，对主体达成的境界进行确认。

达人与达师是有本质区别的，达人是身达，属于行觉悟，见象觉在而未必有悟（不知因果）；达师是心达，属于思觉悟，悟缘（因果）而能知质之变，故能认同。

举例来说，孩子甲从山中归来，向另一个去过的孩子乙描述自己见到的漂亮树蛙，以便证明自己确曾到过山中的那条溪流。但孩子乙却说："那条溪中没有这种东西，我见到的只是长着大脑袋和长尾巴的小水虫"。孩子甲没有得到认同，十分沮丧，便与孩子乙争论起来。这时，一个路过这里的老者道："不必争了，我知道你们两个都到过那条山溪，孩子乙是春天到的，你见到的小水虫叫蝌蚪，孩子甲是夏天到的，见到的是树蛙。其实树蛙和蝌蚪是一种东西，春天刚孵化的时候是蝌蚪，等到夏天，小蝌蚪就会变成漂亮的树蛙，树蛙产了卵，明年春天还会生出很多小蝌蚪。"于是，孩子甲和孩子乙都得到了认同，都很高兴。

两个孩子都是达人，但只是知有而不能悟来，因此不能相互认同；老者是达师，因悟缘悟来而知不同季节树蛙的形态，故能认同。

也就是说，达人的行觉悟已经进入觉悟层，但思觉悟处于知识层，至多只是业师的层次；而达师处于觉悟层中最高的悟来层，两者是有本质上的区别的。

境界无实象亦无实证，他是奇则的，层次高于正则，因此不可能用正则的考卷来确认，而只能由达师通过随机（奇则）问答（一般是追问方式）来确认，因为只有达师才具备同等水平的观察觉悟能力。

问与问是不同的，做"正误"判断的不是"师"，至多只能算是"达人"，因为他只见正则不见奇则，只见象而不悟质，是不能对觉悟水平做判断的；达师是做"可信"判断的，因为其能觉规律、悟因果，知原理（核），能由核生象，所以可以通过多角度的随机提问而对不可见的觉悟做判断。

【定义36】 文缘即文献记载。

文缘有四层:

1) 理论层,即觉悟层,主要是依赖个人成就,是传承之源,学科之始。觉悟层文缘以理论文献为主体,包括观、理、论(阐述与证明)、术(策略论与方法论)四类内容[1]:

a) 观:观点,现象的发现,由"观"而觉本质的存在,这是一切学科的始点;

b) 理:原理假设,是由"观"直接继承的、对本质的预判,是论的始点;

c) 论:阐述与证明,是通过"理"的推论与实际现象的对照而实现对"理"的证明,最有价值的证明是直接观察现象,但由于哲学是乏媒乏象觉悟,因此对于哲学原理通常只能采用类比证明方式或逻辑证明方式,由于这两种方式均非实证,因此哲学的上层才被称为信仰层,实际上,还存在比信仰层本身更高层的哲学理论,这类理论是专门研究信仰本身的,可称为"界学科",分别是:认知学、行为学、教育学、标准质量学和实务工程学;

d) 术:策略论与方法论,被证明的"理"的推论方式与演绎方式,本质上是对对象演化的预测手段。策略论采用因果演绎方式,而方法论采用逻辑演绎方式。

觉悟没有可授受的质,因此只有少数人具备由觉悟层接受传承的能力,这种接受能力通常被称为"领悟力"[2]。理论文献又可分为两维度、两层次和多种论体。两维度是达维(学问)与术维(学术):

a) 达维文献可包括:属于信仰层的存在论(觉本,包括界论、本论、存在论、绝对论、相对论等)与因果论(悟来,包括缘论、起源论、循环论、因果论、逻辑论等);属于原观察层的性质论(觉在与悟质),主要包括属性论(如力、热、声、光、电、核、运动等物理诸论)和本体论(原观察定义)。

b) 术维主要是策略(道)论和方法(法)论(如数学诸论)。

---

[1] 数学是正则术论。

[2] 悟性有三个层次:领悟、感悟与觉悟,领悟是听达师言而能悟其所言,是最低的悟性层次,领悟是得识的基础,可达蒙师的层次;感悟则是以自见而生识,是得法的基础,可达业师的层次;觉悟则是未见而生觉,由觉而悟质悟来,是最高的层次(导师与达师)。

2）知识层法器维(术维)，是由属性论、本体论与方法论对位结合而成的一个维度，是方法论针对具体物质及其属性的具体导缘认知，主要由层内分类法(象解算法)、方法(导缘法)和工具(实物映象与导缘器械)三类记载构成(工具可以视为实物文献)。

3）识(基准)层(达维)，由可传承(有实参)的缘标与缘象组成，主要由识别特征(学科本体论、学科定义)、传承源(上游理论、师承)、学科原理或公理(法源)、分类体系(微观界或缘)、方法体系和基准体系(准则、参照系)构成。

4）知(实证)层(达维)，是资源层，亦由可传承(有实质)的象组成，知层主要由有证据的实例集(如数据、实物)构成，是过去实践的成果。

文献是所有关于前人学问与学术的记载，是形成主体学问的资源。但文献仅仅是资源，生不带来，死不带去，不经过个人的本领循环，是不可能达到觉悟层级的。这是因为觉悟属于个人，只能由学者自己一步一步量过去。

尽管存在诸多理论，但理论所传都是本质的标识(象)而不是本质本身，是引导主体走向本质的缘标。因为本质不可移，不可授受，只能自己走近他去观察与触摸(影响)，这种直接接触而获得的思维本领方是觉悟。

文缘为主体的觉悟提供了寻找道缘的方便路径，这才是文缘的价值。

中国有句老话，叫做**"假传万卷书，真传一句话。"**世上的路有千条万条，但对于每个主体来说，都只有有限的矢指向真理，这是因为每个人的境缘不同。如果所处的境缘与著述人的起点不同，就需要先到达著述的起点，才可能重复著述人的道路。因此，无论世上有多少文献，都需要有好的道缘才能尽快达成觉悟。也就是说：**读万卷书不如拜一明师。但即使拜明师千万，终不能省去一步一阶。**不自己走近真理，就没有觉悟。

实际上，达师与导师都处于觉悟层中：达师有悟(能过界而知核，即知本质而预知未现本象)，导师有觉(觉质之在而不能过界，因此不知核，不能预知未现本象，但因其已经掌握了本的指针，故能见既有本象)；达师见原理(因果、内核)，导师见本象(现象、响应)。只有见原理知本象,才能包容规律与非规律。

由于导师只达成了觉,因而只能知悟之向(知道悟的方向,知道其他人是否已经超越了自己的境界),而不能认同悟(不知道对方实际达成的境界),导师的功德是指引达师的去向,让有能力的学者自己去追随求索。

但从本质上,导师亦是达师,因为他已经见本象(一个达的里程碑),但只是有限达,达师指的是无限达,即已经完全不受界的阻碍而超越他。在表现上,导师存在被超越的可能性,但达师则不存在被超越的可能性,因为他已经越过了极限。这就像绕着一条环形道赛跑,导师是即将回到起点的人,而达师是已经回到起点的人。无论领先多少,只要没有回到起点,都可能被超越,但谁都不可能超越已经回到起点的人,至多是也回到起点(认同)而已。因此达者有先达后达的差异,而没有本质的差异。

何为因果?何为逻辑?他们之间有什么关系呢?

因果是本质原理,是核函,是具体对象对缘媒进行响应的理由全集,代表密码效应。本质上,全部实例的分布与运动的全体既是核函的结构,也同时是核函的果,因此核函本质上是自因果和自递归。不同对象对于类似的缘媒会以不同的理由进行处理,形成不同的响应。了解核函,才可能预知对象对未达缘媒的响应方式,这便是悟。一个响应要经历如下过程:

$$捕获缘媒 \Rightarrow 核函 \Rightarrow 响应 \tag{18}$$

而逻辑是思维规律,即不同对象对类似缘媒响应所体现出的某种共性的认知,它是通过对大量观察结果进行统计学分析得出的结论而不是事实因果。也就是说,规律是忽略了核函(原理),而只取缘媒与响应(输入输出即 I/O)所做的统计象,代表过去和惯性,规律与原理之间、逻辑与因果之间是策略参回归关系:

$$\begin{cases} 规律 \bowtie 现象 \Join 原理 \\ 逻辑 \bowtie 响应 \Join 因果 \end{cases} \tag{19}$$

式中的符号"⋈"是策略参回归(解算即是策略),它是参回归中的一种,代表规律与逻辑是直映象的解算象,是一个伪参,是观察策略的表现。这个伪参仅是与其源(现象和响应)相比体现相对的稳定性或确定性,并不会对源产生作用。而"⋈"则是事实参回归,表示原理或因果是现象与响应的源头，它是真实存在的稳定性与确定性。这两个公式还可以用另一种方式表达：

$$A \boxtimes M \bowtie B = A \sqsubset /MB \tag{20}$$

式中的 A 代表象，B 代表源，M 代表媒介，$\sqsubset/M$ 代表借助媒介 M 间接成象。所以，规律（逻辑）是原理（因果）以现象（响应）为媒介形成的解算象。我们所指的本象是尚未被观察系统接收的媒介 M 本身，一旦接收了，就成了现象，现象不是本象，更不可能是本质，原理和因果才是本质。

"觉"代表的是越过解算象向本象的趋近，而"悟"代表的是越过本象向本质的趋近。也就是说，"悟"是解集象，是"觉"的高阶无穷大。"觉"是基于本象的，但"悟"是基于本质的。

因此，规律只对高概率、复制性（继承性）和成熟期（完成他定义，异参）对象有效，其所获得的结论是"可信（前提是对象处于成熟期）"而不是"正确"（只有事实才能用"正确"表述），而对低概率、创生（先天）期、成长（失参）期及传承期（真本参）对象均无效。而原理是对核函本身的直接认知，具有全域覆盖性，对不同概率、伦理和生灭阶段的对象均有效。

因此，逻辑本身不代表达成正确的结果，因果才代表达成正确的结果。**见缘媒为知，见逻辑为识，见本象为觉，超本象方为悟。**所谓求真务实，指的即是由知到悟的过程或运动方向。

但这并不意味着逻辑就是错的，而是说逻辑是以选择为前提的，带有主观性，他是思维由低级到高级发展的过程中一个必须要跨越的边界，是有穷思维与无穷思维、正则思维与奇则思维的边界，代表着由知识层向觉悟层的级跃。逻辑性对于思维训练来说很重要，没有逻辑与超越逻辑是两个完全不同的概念，没有逻辑表明连策略象都没有见到，而超越逻辑则表明已经越过了对象的本界向深层本质的发展。所以，由无逻辑到有逻辑叫"入门"，超逻辑才叫做"登堂入室"。

传播自然法则是"师德"的根本体现，因此，师只能确认自己已经达成的，而不能确认自己尚未达成的，这就是"知之为知之，不知为不知"。所以导师不对弟子做原理认同和因果认同，而只认同规律、逻辑和成就的方向（达师的去向）。为人师者违反了这一准则，即是"欺世盗名，误人子弟"。世间欺世盗名者多，所以要**"拜明师，不拜名师"。**

何为明师？何为名师？**"人知者名，自知者明"**。人知者知逻辑，自知者知因果。知因果之人，亦知真理不证，所以守本固源[1]，非觉悟者难识。所以名师未必是明师，明师未必是名师。

达师讲因果，讲原理；导师讲逻辑，讲规律。这是两者在表达方式上的根本差异。

达师是超越本象的，不能用逻辑来评价达师的境界，更不能用"人才评定规则"来寻找和认定达师。因为"规则"是"约定"，代表"基于期待的伪界"，而"期待"表明"未知"，是人的主观愿望与"未达"本质，他离自然规律尚有距离（期待并非基于规律），离原理的距离更远；而达师本质上代表一个超越了本象的观察核函，是一种事实存在，是不以他系统的主观意识为转移的，认识还是不认识达师，都不影响其超越的事实，事实是无需证明的。而规则连认知都算不上，又怎么能作为评判"悟"的根据呢？

自身没有达成足够境界的观察系统甚至觉察不到达师的存在，更没有资格去认同（肯定或否定）他，而只能追随他的足迹。

孔子去向老子求教周礼，回来后评价老子犹如"神龙见首不见尾"，这一方面说明孔子自身已达"觉境"，也同时说明孔子未达"悟境"，因此他能够觉察到老子之达已经超越自己却无法认同。

没有道缘的指引，达到觉悟的层级是比较困难的，但不代表没有可能。世界上最顶尖的学问家，都是自己寻路或开路而达的，所以自悟（无师自通）是悟的最高层次，表明其不仅有达，而且善达，善达是比达更高的觉悟，其所传非达之所见（原理与因果），而是达之策（修行之法，自见原理，自见因果之策），但他也是最孤独的，因为只有同达之人才有能力认同他，所谓曲高和寡，同达者是可遇而不可求的。

5.1.3 行思循环

观察与模仿是学之始，因此，观察非常重要，但只观察不思考，只思考不实践都不可能达成境界。

人的本领不是单纯依靠学习而成就的，而是通过四程循环的不断滚动而成就的，这个四程循环是：观察（学）、思考（悟）、训练（技）、实

---

[1] 古语亦称"抱元守一"，代表近源流而居，守望本质所在。

践(证),这个循环叫做"行思循环"。是达之法。

读书只是观察的一种方式,缺失了后面三项活动,不可能形成"本领"。

实践是证明的过程,没有要证明的对象(思),同样不可能形成"本领"。

因此,一个人要想有本领,需要走出**"读书就长本事,知识就是力量"**的误区,亲自去完成一个又一个的行思循环,每完成一个循环,便长一重本领。

5.1.3.1　观察原理

观察是本领之始,根本上是在建立和积累用于参照的象(记忆,本参),因为没有用于参照的象,就无法达到识的层次。

观察原理是学的最本源原理,一切学都不可能脱离观察原理而形成,对观察原理的不同认知,形成不同的学习观。

笔者认为至少存在三个原观察原理,这三个原理是自然本有的,不因观察系统与观察对象的不同而有所不同。这三个原理分别是条件原理、真伪原理和映象原理。在《自主论》中对这三个原理有详细的解读,此处仅做简要介绍。

【原理2】　条件原理:观察系统具备观察结构和缘媒到达是观察的必要条件。

条件原理由两个必要条件构成,前一个条件是观察系统的本因条件或内缘[1],可称为观察系统条件;后一个条件是外因或外缘条件,可称为缘媒条件,两个条件对于观察来说缺一不可。

唯心论者认为世界是因人的意识(即只需要观察系统条件)而存在的,因此可以主观"决定"未见事物的存在;但唯物论者和自然论者认为自然是本有的,不因人的主观意识而转移,人可以未见而主观"知"事物之在(觉),但不能"决定"事物之在,一切"觉在"建立在"见在"的基础之上。

自然是本存的,但可以被认知,观察条件原理是认知之始。

无论何种存在,即使近在咫尺,只要没有缘媒传递到观察系统中,观察系统都不可能确认(觉察不是确认)他的存在,就像一个暂时失明

---

〔1〕　在《界、缘、核理论》中有关于观察系统条件的详细解读。

的人容易撞墙是一样的道理。即使是时空(0),也有一种缘媒,这种缘媒被基本传承(观察系统结构)过滤掉了,它告诉观察系统一件事,便是时空无法告诉我们更多的东西。但时空并不是观察系统最早知道的存在,只是不可能知道更多的存在,时空是一种觉存在,是在经历了一定数量的缘媒触发后而觉的法存在。与时空对应的是本存在和异存在,本存在会传递给观察系统很多缘媒,但这些缘媒中的绝大多数或者没有引起观察响应(失灵),或者被忽略(频率太低或太高),或者未能分离(被噪声湮没),或者无缘(不识),只有极少数出现频率适当,并且足够强的缘媒被接收并形成映象。

但仅仅具备观察条件并实现观察是远远不够的,英国前首相丘吉尔有句名言:"谎言环游全球的时候,真相还没穿好裤子",如果没有对观察现象的识别判断能力,是难以了解对象本质的,这便是真伪原理。

【原理3】　真伪原理:缘媒离界则异。

这个原理告诉我们,从缘媒被对象辐射的那一刻起,对象已经不是原来的对象,缘媒也不再是原来的缘媒,对象与缘媒的"同"已经不存在。比如,我们知道一个袋子里装有若干个球,拿出一个球,那么袋子里的球显然已经不是原来的数量,这就是缘媒离界则异的最基本道理。而缘媒本身也是物质,是需要生存的,因此在辐射的一刻到被接收的一刻之前,他必然要为生存而奋斗,所以被接收时已经不能原样表达他辐射前的状态。

由于缘媒是观察的必要条件,因此,我们所观察到的一切都是缘媒及其运动的结果,而不是对象本身。我们总在说本质和真这两个术语,什么是本质? 什么是真呢?

本质和真都是指"尚在",是当前时间点上的对象本身,而事实上,观察系统的观察结果严格意义上说只是过去某个时间点上对象辐射的缘媒,甚至连那个时间点上的对象都不是,因此,单纯依靠观察不可能求得本质,本质是永远看不见的,需要通过现象进行仿真去证实他的存在,这种仿真证实的结果就是悟。也就是说,**眼见为虚**或**实证为虚**。

即使缘媒中确实有对本质的某种描述,也未必就是真实的,因为辐射源可能故意撒谎;即使对象没有撒谎,缘媒本身仍然可能撒谎。

所以,我们真正能够确定的事物,都是与我们无缘的事物,或者是法(时空),或者是异(另一种存在),或者是客(在我们界中,但仍未被接受为我们的一部分),我们最不能确定的便是自己(本与主),所以**最高层次的觉悟是关于自己的而不是关于世界的。**

凡知识所传,都是已经改变了的事物,都是象,是虚伪的;真实的那一部分都不可感,也就不能作为知识传承,而只能觉悟。觉悟既然不依赖于对象的缘媒而知,也就不可能被传承。透过现象看本质,即是要通过去伪(感知、现象)而得真。觉在,便是通过现象察觉尚在;而悟质(性),则是了解尚在原处的是如何演化的;悟来,则是了解对象形成的时间。只有知道了原始集合、演化变异原理(核)和生存环境,才能真正做到"求真务实"。

现代科学是基于实证的科学,即科学只以实证(缘媒)为基础,但这很容易把人们的思想导入真伪的误区。基于实证的原则,代表科学的本质是"伪"而不是"真"。

工程学是应用的学问,**唯真可用**,因此,工程学与科学的认知基础是完全不同的,工程学的主体是基于**"有证则伪,真则无证"**原则的学问,是觉悟的学问。

但是,我们不应偏激地看待真伪,亦不应主观地选择真伪之善恶。

因为真与伪的区别,是本与异的区别,真代表在本,伪代表在异,伪在未离界之前是真,真在离界之后是伪。因此,"伪"只是代表"不在本处","真"则代表"不在异处",当我们切换参照系时,真伪互易:以观察系统为本,则实证是真;以观察对象为本,则无证是真;当我们站在包容本异的宏观系统中观察,则界内都是真。

笔者认为科学本质是伪,不代表科学的目的是伪,也不代表科学家是伪。科学之"真",是"真相(在异之真)",科学之"伪",是"伪质(在本之伪)",本质大于真相。

"伪"是科学所使用的学术之道,目的仍在求"在本之真"。这种道是"消去法"或"证伪觉真法",也就是把所有的真伪都收集在一起,一个一个地剔除伪,余下的便是真。科学的目的仍是求真,真正的科学家也是觉悟了"真"的人,他们不断地通过取证而知伪,斥伪而留真。真正把人们导入误区的是庸俗科学观,即"视真相为真"的科学观。

真正的科学观是**"视有证为伪,见伪而觉真,集伪而悟来,唯虚伪可传,传必示以伪"**。意思是说:把实证作为伪(已不在对象中),参照伪而觉察真的存在(伪曾为真,离界意味着盈余,本中还有真的同类),将全部的伪加起来便是真的本来面目,只有不在本中的事物(伪)才可以传承,但传承之时应提示接受者所授已不是真。这才是真正的科学家所秉持的学术原则,这个学术原则叫做"自证伪"[1],是科学的基本原则。

但工程学和技术学都是不能生活在"真相"中的,训练与实践不能脱离"真质(在本之真)"而求"真相(在异之真)",因为"在本"才是生存的意义。工程需要尽可能直接地利用"在本之真",而不是"在异之真",因为"在异"已不可用。举例来说,所有进行破坏性试验和寿命试验的试验件都是不能安装到实际产品中的,因为在取证时,在本之真已经变成了在本之伪(缘损耗和寿命损耗)。所以,**凡有证不可用,凡可用必无证**,这便是实践者所面对的困境。

工程学家是在尚未被证伪的旷野中探索的行者,每一步都需要小心,避免落入伪的圈套。在途中,科学本可以为工程提供警示以避免灾难,可惜的是:有些警示是由庸俗科学论者所留,示伪为真;有些地方科学家行所未达或未留痕迹;有些警示被行者所忽视。因而不断有人重蹈覆辙,一次又一次地重复前人的误区而步入灾难。

从某种意义上说,科学是"灭"的学问,技术学和工程学则是"生存"的学问。

科学家们通过解剖尸体而寻找真相,每一步解剖,都得到一些伪,最终所有的"伪"加在一起,就变成了原始集合(生)。因此,严格地说,科学之求真并非通过去伪,而是"穷伪成原(原生之真)"。

但是,生者是不能解剖的,技术学和工程学本质上都是"集原成真(把过去的伪聚集起来而成为当前的真)"的学问,而其目的是"化真成伪(应用即是消耗真的过程)"。

因此,科学所给出的结论,是亡者血淋淋的教训,并依此为工程提供真的始点(原在),只有知"原在(工程学)"与"即伪(科学)",才能求得"尚在"(技术学)。三者俱备方成觉悟。

因此,工程学和技术学不能因科学实证之"伪"而藐视或忽视他,而应**踏着前人骸骨所铺就的道路(科学)走向未来**。

---

[1] 自己证明自己是伪,并不断地重复这样的证明。

　　所以说,科学与工程学都是在为同一个"求生"的目标而努力,科学是"以即灭示原",技术学是"以防失求生",工程学是"以积原创生"。生与灭相互参照而谋生,是科学界、技术学界和工程学界共同的愿望。

　　勿以道异论是非,唯有平等地看待"真伪"之辩,才能得真觉悟。

　　【原理4】　映象原理:成象至少需要两个同性象元,觉在至少需要一个当前界象,识类至少需要两个象,悟质(性)至少需要一个运动界象。

　　对于思想来说,缘媒的运动也是必不可少的,只不过这种运动是在观察系统的界内,利用的是内部的缘媒而不是外部缘媒而已。事实上,悟是观察系统对对象进行仿真的过程,或者说是对对象进行虚拟的解剖。认知在本质上是在观察系统中建立一个虚拟的对象,这个对象并不是对象本身,也不是本象,而是一个"映象",是观察系统的一部分,而不是对象的一部分,所以称之为"映象"。

　　一个零标缘媒是不能成象的,因为一个零标缘媒只能建立矢(对象的方向)与率(缘媒自身的速率),而不能对对象进行定位,矢、率不同性,因此一个零标缘媒不能成象,而只能在观察系统中建立一个初始观察基点,确立对象"存在"的认知,这个观察基点(观察的自然原点)是建立观察参照系的基础。至少需要两个相异的零标缘媒才可以对对象进行定位而形成对对象的"识",这是成象需要两个同性象元的原因。当利用反射法定位对象时(如雷达测距、激光测距),实际上已经构成双象元定位,因为在这种测距原理中,同一个缘媒(电磁辐射量子)已经经历了变异(辐射时与观察系统成异,接收时与对象成异),因此是一个已知矢与率的缘媒带了两个时间象元,因而可以求得一个位(方位角和距离)。

　　而对非零标缘媒来说,对象缘标中也至少需要两个同性象元才能描述一个象点(聚焦)。

　　质是"尚在",因此,只有当前界象,才能与"尚"相和。

　　识类在于比较,比较是以"异"为前提的,一个象没有"异",因此单象不成识。"识类"不代表一定要分类,这是需要说明的,类的本质是"异同",异也是类,同也是类,但无异不见同,要见异见同,才是"类"的概念。

"分类"是"象(存贮或记忆内容)"与"库(存贮或记忆系统)"的关系,当象的数量不超过库的容量时,是没有必要分类的。因此,分类意味着"清理多余的象库存","余"即是"同"的概念。科学是"精品库",所以关注规律性,目的是"清除无余(低概率事件)"以提高"库效率"。但工程学是"防灾库",尽可能"移出有余,保留无余"以备不虞。

存贮或记忆的都是象,但象所描述的主体却不尽相同,因而形成不同的分类方式。一种分类方式是直接象分类,因为象是界表达,因此这种分类方式可称为界象分类法;另一种分类方式是映射象分类,针对的是属性(缘),缘是不可见的,因此将缘映射为界而存贮,这种分类方式可称为缘象分类法。科学最常采用的是缘象分类法,技术学更多采用界象分类法,未来这两种分类法必然会走向主体观分类,而工程学始终采用矩阵观分类法。

悟性则是对质的缘特性进行的解读,表达"尚在"可以结缘的因果,性为缘,缘表达为力,力由加速度显现,因此没有运动的象,无法确定力。

因此分类本身是基于象(识)的,先有象的积累而后才能成识。**媒达成知,求同成识,识动成觉,去性成悟。**

5.1.3.2　行思循环

实践之要在境,学知之要在界,思则不觉,行则不悟。

所谓思则不觉,行则不悟,都是因为内部缘媒运动的相互干扰与混淆。

思维、行动、感应与觉悟都是纯粹的内部缘媒运动的结果,而对于人来说,所有内部缘媒运动都是通过同一套缘媒通道(神经系统)进行的,当他们同时动作时,就会相互干扰与混淆。人的神经系统通道就像计算机中的总线,通道的带宽对于防止相互干扰是非常重要的。

人的神经系统是先天结构,其极限带宽是不可改变的,因此,无论是思,是行,是感,是觉还是悟,要想达到高的质量,都需要独占带宽以防相互干扰。行思循环与计算机总线的分时传输策略具有相同的原理,是因为人体结构性传承的先天限制而产生的原理,所谓"一心不能二用",意识是无法对抗其自身的物理基础的。

在《自主论》中对"感觉"的原理有相对详细的介绍,此处不再赘述。

　　境与界之间是同层循环的关系,没有高下之分。没有实践,就没有足够多的象作为思考的资源,而没有思考,就无法找到正确的实践途径。所以,人的境界,需要通过不同层次上的"行思循环"而达到。要点在于"阶段性分离",即**行不思,思不行**。[1]

　　"行思循环"亦可称为"本领循环"或"认知循环"。"行思循环"是循环之质,"本领循环"和"学知循环"则是循环之象或达。

　　什么叫本领?"本领"也叫"本事","本"意味着本的自有自在,"领"则是达成目标的能力,因此,本领是自有的行为能力,是不可转移的,是"行思循环"在主体行为能力上的收获。正如一个人会不会走路都不影响其他人会不会走路一样,一个人有无"本领",对其他人有无"本领"并没有影响,所以"本领"是学习主体"本质"的能态表达或实践表达。

　　学知也是主体的自有自在,是"行思循环"在主体观察能力上的体现,是实践目的性的表达。学知包括学(识与悟)和知(感与觉)两部分,学是象在主体系统内的存取与运动之道,知则是主体系统接收缘媒与成象之道,没有象,则无所谓存取与运动。

　　可见,学知是主体本质的内缘表达或核表达,本领则是主体本质的外缘表达或界表达。

　　一个人要想达到高的境界,本领与学知必须相互提携,共同提高,不应有所偏废。本领是学知载体,学知是本领耳目;学知不达则危机重重,本领不达则学知无所依。

　　一个人的地位与本领有关联,但没有必然的关联。本领是质,是自有的,与机遇无关,地位则是象,是接收的,与机遇有关。人要达到一定的地位,本领与机遇缺一不可,或有本领先至,或有机遇先至,因而在地位上呈现不同的规律性。本领是根本,若本领至而机不至,则蓄而后发,只要有本领,并坚持正道而行,虽道艰而必达(机不至我至),此所谓"天欲予之,必先取之";机会则是诱惑与考验,若机会先至而本领不至,投机取巧,虽达而必失(机至复去),此所谓"天欲取之,必先予之"。

---

[1]　行动不能瞻前顾后,思考不能同时行动,都是为了避免对神经系统的资源争用。

在《自主论》[1]中,机会代表伪核实界系统,而本领代表元核的缘质,是形成自组织系统的必要条件。伪核系统是靠实界暂时维持的,实界是耗散的系统,无论其产生时如何强大,都必然会迅速消失。因此没有本领做依靠,形不成自组织系统。而有本领的人可以改造环境,在逆境中形成自组织,可以不需要依赖外部环境而维持并逐渐改造环境。

只有实践与学业有机结合,相互促进,才能达成本领和高的境界。

如图24,**诸行以练为先,诸练以思为先,诸思以知为先,诸知以行为先**,这便是行思循环的自然方向。

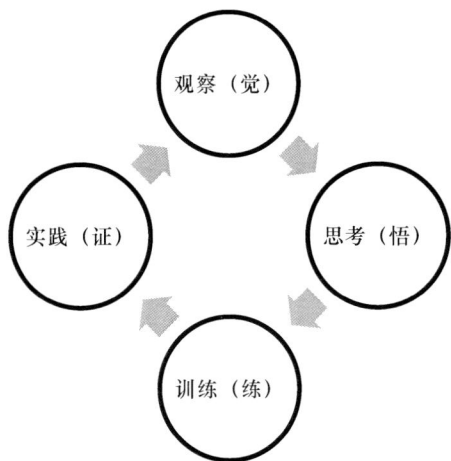

图24 行思循环

图中,训练与实践是"行半周",观察与思考是"思半周",行与思循环往复,以螺旋方式上升而达到不同的层级。

观察是循环之始,没有观察的输入,就如摸黑行路,难保不失足。

然而,有感(实证)是伪,行必求真,思考即求真之道。

在核函的自递归中,行半周是界逐缘(即以本界运动向异参靠拢)的过程,思半周是缘逐界(即异参化本参)的过程。

行路多险,必先知风险、有技艺,方可安全到达。训练的目的,即是由知风险而集技艺。思半周是知风险(伪)的过程,而训练则是集技

---

〔1〕 见该书的6.3节。

艺的过程,目的都是为了实践的安全(谋生)。

实践的根本价值在于"悟生"与"证伪",即领悟生命的本质和对思考的结果进行修正。思考采用的是仿真求证之法,先有一个仿真的象,而后通过实践去证实其真伪。实践使主体到达更好的观察位置,为观察(觉)创造条件,新的观察象与仿真象进行比较,以证实仿真象的偏离。

在求真的道路上,科学与工程学采用的策略是不同的。科学采用的是"溯源法(知缘溯源)",技术学采用的是"界法(知界破界)",工程学采用的是"递归法(界约缘引)";科学采用的是"解剖法(教训法)",技术学采用的是"工具法(限制法)",工程学采用的是"影响法(引动法)"。各类方法是相互正交的,有冲突,亦可互补互参,因此科学、技术学与工程学之间是互敬互助、相互借鉴的关系。

行与思之间是有相对性的。

行中有思:训练为行中思,实践为行中行,系统的行对于超宏观系统来说是思;

思中有行:观察为思中行,思考为思中思,系统的思对于超微观系统来说是行。

因此,不应把实践与学知割裂开来。但在时维上,行与思之间具有不相容性。这种不相容性产生的根本原因是资源争用。行与思同时发生时,思与行的缘媒需求均无法获得充分满足,也不易区分。境界的达成,是级跃过程,资源得不到满足,是无法跃过层级的台阶的。

无论对思对行,时间都是一个关键的因素,思需要长时间的内缘转化过程,而行则需要抓住时机,这是相互矛盾的需求,也是不相容的。

对于实践来说,需要的是界运动对于外部缘媒运动的敏捷响应,因为外部的机会稍纵即逝,外部的风险也不会给任何主体以思考的时间,所以需要由大循环走入小循环,即观察与实践之间直接递归,以省去思考的环节,这便是**"行不思"**的因果;

而主体的生存不仅仅需要敏捷,还需要与外缘对位,敏捷与对位共同构成"目的与安全",而要达成对位,思的过程又是必不可少的。

因此,正确的**"行不思"**是建立在**"先思后行"**基础之上的,思的目的是发现对象最具独特性的特征,形成迅速识别。中国的道家学说提倡"无为",很多人认为"无为"即是"不作为"、"不行动"或"不实践",这其实是理解上的误区。"无为"的真正含义是"无为于无知,无为于无识,无为于无道,无为于无法",而"知识道法"都是思的结果。所以"无为"是"慎思而后行","识道而后行","知己(训练)知彼(缘性)而后行"之意。

知己为技,知彼为术。己能超越彼能,方能游刃于隙而无自伤,此为**有余**。故有技、有术、有余,三者备为有**技术**,可行之因。

知其余而入其隙,无过无不及之行为**有策**,适可而止为**有度**。

有余为**见达**[1],有策为**知行**,有度为**知达**,见达、知行、知达三者具备才能**对位**,技术对位而行之才能**有果**。

故技术与对位两备之行才是"无为之行",所达是"无为之达"。技术是训练的结果,对位是思考的结果。

"行不思"的最高境界是**"思入骨"**,即将思考的结果(道)移交给自己的实践系统(低层次记忆系统、原始认知系统、先天结构)而形成**"策略(思)短路"**,训练即是这个移交过程。

训练是通过在可控制的安全环境中,以仿真对象(靶)为标的物,依据思的结论进行实践的过程。在这个过程中,行与思进行"快波"(相对于实践而言)递归循环,训练向思"证行(证明行为能力)证误(证明思之误)",思向训练传递递归的结果,最终达成"知己(技)"和"知行(思)"的效果,并将最终的递归结果逐渐固化到行为习惯(低层次记忆)中。所以,训练可视为**"内证"**实践或**"觉己"**。

学界普遍把数学作为最高级的学术,因为其抽象度最高,多数有成就的学者都具有深厚的数学基础,但这只是现象而不是本质。数学是传承思维途径的最方便的媒介和工具,是在乏媒情况下加速思维收敛的方法,但人的神经系统本身并非采用这种方式形成认知,而是通过长期重复相同的运动而形成直接的结构性映射。因此,数学只适用于思半周中的由觉成悟,对于具体个体的觉悟来说只是一种方便途径,并不是必要条件。由于从觉到悟是一个乏媒收敛过程,因此周期较长,并不适合于实践。训练的过程则是将这种策略性收敛的过程省略而直接利用收敛的结果,也就是由抽象思维层向形象思维层和条件

---

〔1〕　见达即看到结果,预知结果。

反射层转移,最终形成结构性映射的过程。这种转移越充分,响应越快越精确。因此训练本身是一种**"以思领行"**到**"不思而行"**的过程,这便是所谓的基本功训练,达到"不思而行"才是思入骨,才能成为真正的技艺或技术。思维本身同样存在这样的训练,由运算映射(规律映射)引入而至直接映射(原理映射),才能达到高层次的觉悟。

实验也可看做是训练(假目标,真行动)的一种方式,但他不是在训练人,而是在训练物[1],因此,物理学可以看做是人类整个学知体系中的训练过程。

训练向实践的递归,本质上是内证实践向外证实践的递归过程,是用真对象代替假目标,用来证明对对象本质(知彼)的觉悟,然后进行外缘递归而最终得真觉悟或**"觉他"**。

实践是将所得之悟付诸应用。应用是生存之本,因此实践是提高本领的根本目的,同时,实践也是对觉悟的证明过程。因为一切觉悟最初都建立在假设(仿真)的基础上,假设毕竟不是现实,两者之间始终是有误差的。通过实践活动不断修正原来的觉悟,使之不断向真理靠近,因而走向更高的境界。

因此,行思循环是如图25所示的递归收敛模式不断重复的过程。通过这个过程,主体对于外部事物的觉悟不断走向一般化或衡点,因而能够适应更多的未知。

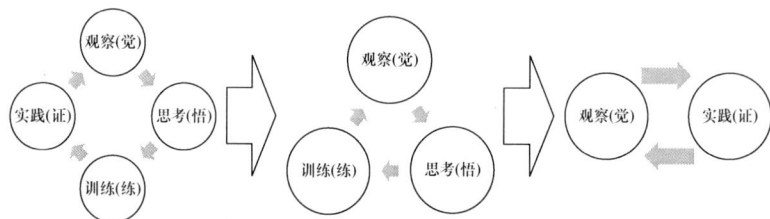

图25　行思循环的递归收敛

就因果与目的来说,行思循环的对角线是互为因果与目的的。训练的目的是为了培养"觉性",而实践的目的则是为了证明"悟性"。反过来,觉是训练之参,悟则是实践之参。

《自主论》认为,大自然的根本演化法则是界缘递归法则,该法则

---

[1]　是缘标收敛的过程。

无处不在,并不在乎大小远近(界中有界,缘外有缘),因此觉悟亦无大小,无处不能觉悟。这就是为什么在学之四缘中,境缘影响力最小的原因。一个人的觉悟是由点滴之事开始的,只有经历一个完整的循环,才能真正完成一个觉悟过程。不断地重复这样的循环,觉悟便不断向新的境界攀登。

我们看到一些人满足于多知多会,见事便学,但从未有一事学懂(悟因果),就如画了一万段弧线,却从不曾画过一个整圆,面积始终是0,这样的学习,终其一生也不得觉悟。

5.1.3.3　行思循环与教育

由行思循环的原理,笔者认为:**教育之要,三道并行技艺为先**。

这与中国当前的知识型教育理念是不同的。中国教育界目前有两种相互冲突的认知,一种认为教育应是知识型教育,一种认为教育应是能力型教育。笔者认为这两种认知本身都有失片面。

无论对于个人还是对于社会,技艺与知识都是同样重要的。

技艺与对象都是"质存在",技艺是"行觉悟";而知识只是"观察",是"象储备",是"失参",连"异参觉悟"都算不上。

观察与思考都是"象"的运动,不可能对抗"质存在"。只有实现了两者间的对位,才能达成"异参觉悟",再由异参觉悟而达"本参觉悟"。

"异参觉悟"为"有效","本参觉悟"为"预见","本参觉悟"才是真觉悟,是觉悟的最高境界。

由知到觉的提升需要技艺训练,由识到悟的提升则需要思维训练,"知觉"是"识悟"的前提,因此,没有技艺训练的所谓"识与悟"即是"虚中弄虚"和"空中楼阁",无异于自欺欺人。

行思循环,观察在先,无技则无观。因此,学科之始在观,教育之始则在技。"**心灵者手必巧,手巧者心亦灵**",心手相应才是教育的目的。

技艺与思维何者为先?应根据受者自身的发展特点和自然的阶段性来决定。实际上,技艺是个体结构性发展水平,是思维结构发展的基础,通常到了 25 岁前后身体的结构性(能力)发展达到顶峰,40 岁之后开始下降;结构运动协调性(技)的发展在 40 左右达到顶峰;而思维的结构性(术)发展则一般在 60 岁左右才达到顶峰。因此,"人过

四旬不学艺",教育应适应人本身的这种发展特征,先能力,后技术,而后知识。

而中国的教育恰恰相反,知识教育在前,技艺教育在后,在本该训练技艺的时候在学没有观察根基的知识,在本该充分发挥技艺基础的阶段(25 岁至 40 岁)却在训练已经难以达到高层次的技艺,原来所学的知识则由于缺乏技艺(最关键的是观察发现的能力)的根基而遗失殆尽(一个学生在学校接受的知识之中,至多只有 15% 用于实践,其余大多还给了老师),或者变成"纸上谈兵(庸俗科学)",更不用说成"觉"了。

知不在多,而在对位,不对位的知识是资源的浪费。正确的教育方式,应是在中小学阶段主要接受技艺训练,并增加实践机会以培养"觉性",此后逐渐增加知识性内容,使所学与所练匹配起来以培养"悟性"。如此才是符合个体发展规律的教育,社会也才能获得有真才实学的人力资源。

科学是精品,但技术同样是精品,科学是"法"之精,技术是"器"之精。"无器难容法",就像装水需要水桶一样,有法无器犹如"竹篮打水",装多少漏多少,终究是一场空。这样的教育是难以达到希望的结果的。所以,没有技术的科学是庸俗科学,没有技艺训练的教育是庸俗教育。

欲传法,先传器,由技而法,由法而悟,方是教育的工程,学科的工程。

5.1.4　学科冲突

5.1.4.1　学科的本质

《现代汉语全功能词典》对学科的解释是:学问的门类。

由于我对词典中"学问"一词有不同见解,因而不采纳其关于学问门类的说法。本书对学科采用如下定义。

【定义 37】　学科是学业的主观分类。

在这个定义中,特别强调了学科分类的主观性,认为其同学业的自然分类之间存在认知上的偏差。分科分类主要是为了方便与简化,是一种方法而不是自然原理,但其越靠近自然原理越有利于达成学问。

把工程与技术划分在一起,以及把标准化定义为技术都是误区。本书通过继承性溯源,指出工程学、标准化学和质量学都是哲学,是直接源于对自然的觉悟,与技术学和科学之间是同祖关系而不是继承性关系。

5.1.4.2 学科冲突的本质

学科冲突的本质是伦理冲突。

"伦"有多重含义,可以指辈分或传承代,可以指包容性、可以指不可逆系统的分岔点。《自主论》认为,所有这些含义都有一个共同的本质,那就是衡点、不定性或悖论,所以"伦"可以直接解读为"界"或者是《信息论》中的信息。"理"是关系、原理、因果或缘。所以"伦理"自然也就可以解读为"界关系原理"或"信息关系的原理"。

而分类本身是伦理认知的显性表达,所以学科冲突源于错误的伦理观,体现为分类冲突。

学科作为一种主观分类,体现的是主观伦理,与自然伦理之间是有天然偏离的,当这种偏离不可接受时,就会产生冲突,这是学科与学科之间冲突的本质因果。

也就是说,主观伦理与自然伦理符合性越好,学科冲突就越少,学科划分才可以发挥正确的的作用,否则就会妨碍社会的发展。

单祖分类法、矩阵观分类法和主体观分类法分别对应着单祖伦理观、矩阵伦理观和主体伦理观。矩阵伦理观最接近自然伦理,主体伦理次之,单祖伦理最远。但在需要处理的数据量上,矩阵伦理最多,单祖伦理最少。因此从传承的角度说,单祖分类法最有利于传承,矩阵观分类法最不利于传承,而主体观分类法则相对比较均衡。

因此不同的分类法对不同的系统适用性也不同:工程学是创造性的,以改变既有界为目的,本质上是对类时空的发现与应用,因此适宜矩阵观分类法以使自然的模糊能够显现;科学以总结客观规律为目的,是以大数定律为基础的,所以界显性化是前提,适宜采用主体观分类法;教育是以传承为目的的,数据量越少越有利于传承,因此适宜采用单祖分类法。

在界特征上,矩阵观分类法适合于发现界的收敛因果,主体观分类法适用于发现既收敛界的外缘关系,而单祖分类法适用于既有界的内缘关系。

单祖分类法和主体观分类法都是既有界分类法,单祖分类由界向内延伸,主体观分类由界向外延伸,两种分类法都是以既有界为前提的,在向界延伸时都会产生临界效应而使因果(事实逻辑)不再平直,但人们的思维逻辑本身惯性很强,仍然在按原来的方向运动,因而会偏离因果。

学是后天传承,学科是学业的分类,是为了方便后天传承而形成的。学本身是觉悟,为父,科本身是识,为子,科只是学传承的一个中间环节或一个局部,不能脱离学而自存,更不能凌驾于学之上。学科分类只能遵从于学本身固有的界或缘建立,这样才能契合自然之道,取得良好的结果。

矩阵伦理观用于改变自然伦理,这是一种艺术,很难用语言讲清楚,因此先用主体伦理观来解读自然,读者如果弄清楚了主体伦理,再将自己的思维由清晰向模糊方向运动,即可以理解矩阵伦理。

单祖伦理本质上是先天因果论,即认为先天因果决定一个系统,因此可以用祖缘来定义这个系统。这种伦理观认为在一个系统中,祖先的传承始终存在于每一个后代中,并且始终保持着图 26 所示的顺代传承关系。这种伦理认知导致"先天符号论"、"忠诚论"和"宗法论"。

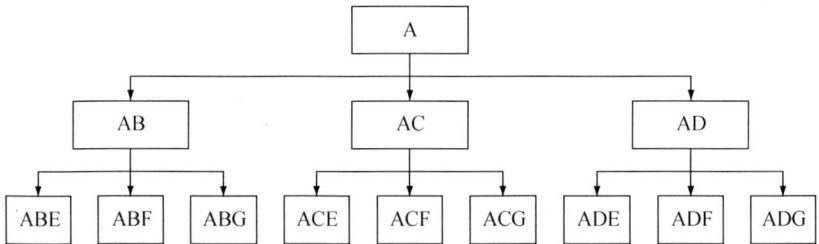

图 26 单祖伦理

但单祖伦理遇到图 27 的情况时便产生了疑惑。这个系统的第三代中,有 2/3 的个体并不包含祖缘。如果用 A 来定义这个系统,无疑会闹出大笑话。

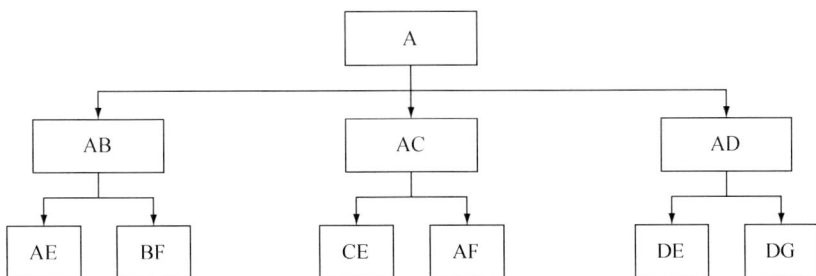

图 27 单祖伦理的祖缘悖论

导致悖论产生的原因,是由于我们将有限传承代中的继承关系向前无限延伸而致。

而在主体伦理观中,系统是图 28 中的绳式系统和图 29 中的随机网络系统。

图 28 绳式系统

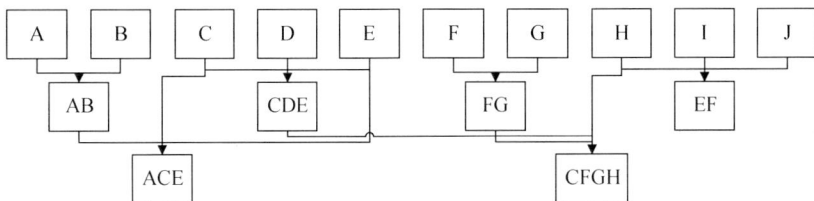

图 29 网络系统

图 27 和图 28 在溯源时实际上都会溯源为图 29 的网络系统。这便是主体伦理中的先天表达方式。而真正的主体伦理是等观先天与后天的。也就是说,主体伦理认为一个系统中的每一个个体都是独立的存在形式,他们在诞生后的整个存续期内一直处于演化中,这种演化是通过不断同周围的其他系统互换缘媒实现的。先天传承仅仅是为个体的存续提供一个基本前提。

传承即是互换缘媒的过程,时间在其中起了关键作用,一个缘媒的传递只能由源系统到接收系统,是一种点关系,即由一点到另一点。先天传承与后天传承的根本差异在于继承系统的诞生瞬间(时间的点）与传承系统之间的传承关系。实际上先天传承本身就存在两种类型：一种是裂殖；另一种是合殖（性殖）。裂殖是不存在"传承代"的，合殖时才有"传承代"的区别，但也只有直接"代"之间的关系才是确定的，间接代已不确定。这是因为只有一维系统才存在"绝对序"。而存续则不是点的概念，在共同的存续期内，包含了无数的点和维，所以后天传承是可逆的。在图30中，我们把多维主体伦理观用二维表达出来。

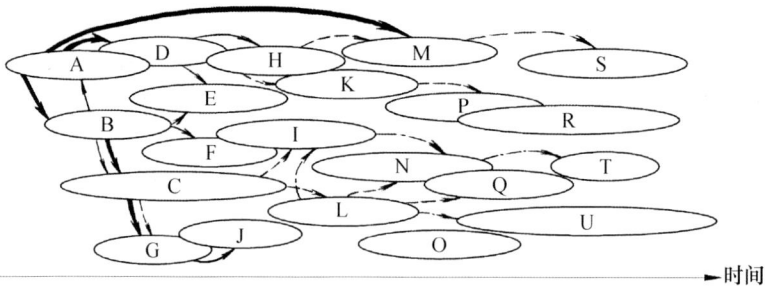

图30　主体伦理观的二维映象

只有结构性传承是不可逆的，因为他决定于诞生的那一时刻，而后天传承并非因于诞生点，而在于整个存续期。两个不同系统之间如果在存续期中有重叠，则传承不因于诞生先后而存在。图中的M在先天传承上是A的第四代，但后天传承可以直接继承于A的直接遗传物质，只要这种物质仍然存在。数千年前的古莲子，在今天仍然能够发芽。图中的I与L本身的结构都传承于C，是兄弟关系，并且L后于I诞生，但L的后天遗传却可以横向遗传给I；B本身的先天传承源自于A，后天却有逆代遗传。并且我们可以看到，在某一具体时间点上，不同遗传代可以同时存在，也就可以互相发生后天遗传。还可以看到，O与R两个系统与其余系统之间并没有先天传承关系，但不代表没有后天传承关系。

单祖分类法只看到了系统诞生的传承关系，而没有看到存续期的传承关系，只要处于共同的存续期内，后天传承是可以逆向传承的，这同单祖伦理是完全不同的。即使是先天传承，祖遗传也并不一定始终存在于系统中。图27和图28中的祖缘都存在退出传承的情况。

我们看到，图27的系统由第三代起，早期的缘（A、B）开始逐一退出,但传承系仍然延续而没有解体,这种延续是因为增加了新缘。在物理学上,A 的作用被称为"原结核"或"原核",泛集理论中则称之为"元核"。尽管始祖 A 在传承中起着奠基的作用,但企图以其定义这个传承系统则是一个误区,这就像人类的始祖是原核生物或原生生物,但却不能用原核生物或原生生物来定义人类一样。正是因为在主观上企图用始祖定义一个系统,因此才会有"图腾崇拜"、"造神运动"和"封建主义"。

《伦理学》本身也是哲学的一"观",但很多情况下,伦理学常常因少数人的主观目的性选择而导向单祖伦理论,也就是"宗法论"和"忠诚论",这种论调就像用原核生物(如病毒)来定义人类一样可笑。

自然系统中,祖系统存在,但是局域性的,即在有限时间、有限对象、有限层级内自然伦理有单祖性,在无限时间、无限对象和无限层级中,自然伦理是不定的或循环的。时间、对象、层级有限代表着先天传承,时间、对象和层级无限代表着后天传承,所以后天传承存在逆传承。

先天传承是"父子"关系,而后天传承是"师徒"。正确的师徒关系是"其闻道也有先后,达者为师","师承"以自然循环系统为始祖,传承的是自然伦理观。

无论中外,哲学界普遍认同的是"感恩论"而不是"忠诚论"。无论是先天传承还是后天传承,都代表了一种交换和回报,但感恩的回报与商品交换的回报不同,"恩"代表一种可以产生无限价值的施与,而接受的一方则不可能用有限的物质来回报。"忠诚论"本身颠倒了这种关系,实际上,忠诚的一方才是施恩者,被忠诚的一方是受恩者,只有受恩的一方先施恩,才有资格谈论忠诚。

一个具体事物的诞生是有因果和顺序的,没有先天传承,后天传承是没有载体的,就像我们要取水而没有水桶一样;但没有后天传承,先天传承也没有价值,就像是一只空桶,只要没有装水,他存在的价值都无法实现。所以过分强调先天和后天都是违背自然规律的。

忠诚论因无条件地延伸先天传承逻辑而与自然伦理发生了冲突,会给宏观系统的实践带来内缘性风险与内缘性灾难。

儒家理论中的微观观点(不涉及伦理层时)多数都是客(观)的和唯物的,但所形成的哲学观(涉及伦理层时)却是主观的和唯心的,是以"君权神授"、"家天下"为核心的封建宗法伦理,是以主观的"伪先天伦理"代替异观的自然伦理,"君权神授"即是"伪先天传承"的表达方式,这样的伪伦理使中国的历史无法摆脱大规模内乱(改朝换代)的宿命。

儒家思想的虚伪本质,就在于其是以一个"伪祖缘"构建的单祖伦理观,即使是以"真祖缘(结构性传承)"构建的单祖系统尚且会因祖缘的中断而崩溃,何况是以"伪祖缘"构建的呢。"伪祖缘"的祖缘本身就不牢靠,这个系统又怎么可能永久延续呢?

学科系统本身同样存在伦理问题,学科体系的建立本身是主观的,这种主观性一旦走向对抗自然伦理,最终也会演变成学科冲突和学科灾难。

过去的学科分类大都是采用单祖分类法,这是受迫于记载缘媒的局限性(二维),计算机的应用,为我们更好地解决学科冲突创造了条件。

矩阵观分类法和主体观分类法,都是建立在自然伦理观基础上的分类法,依据这样的观察进行分类,可以恢复自然伦理的本来面目。

以全矩阵为界,超矩阵的视角包容性最高,为哲学层的信仰层;以当时时断面为界,向过去为溯源(继承)向,属技术学门与科学门,向未来为实践(传承)向,属工程学门。哲学层至界则为原观察层(界层),从哲学与全矩阵的关系可以看出,哲学层入界并不受时断面的限制,不能以入界时间的先后确定学科的层级,而只能以同原观察层的继承关系来确定学科层级,在多缘学科中,与原观察层最直接的缘关系代表其最高层级。

在这种伦理观中,学科本身的层级是随时间而改变的,只要其新引入的主干(重权)继承(缘)靠近哲学层,学科的伦理层级就会自然提升。

对于未发生的事物,只有观察仿真而不存在事实。因此工程学本身就属于哲学层。技术学则处于当前时断面,属于哲学中的界层或"原观察层"。

5.1.4.3 学科形成的因果

工程学的出现远早于科学。农艺、牧艺、兵法、文艺、建筑、工具、法律等等传承,都是建立在有目的认知上的学业,都属于工程学的范畴,这些学业最早是通过实象缘媒(零标缘媒)进行示范传承,之后发展为通过动态缘标缘媒(有标缘媒)进行语言传承。

《自主论》不赞同物质分为有意识与无意识,有生命与无生命的理论,《自主论》认为所有物质系统都具备自己的自组织策略,因此都有意识,都有生命。

动物也有自己的工程学,动物的工程学主要是实象传承,一些较高等的动物开始采用动态缘标缘媒(动物语言),但这种语言的抽象度比较低,一般只有三种抽象缘标——召唤(食物)、危险(驱逐与逃逸)和求偶,因此动物虽有工程学却没有科学。

人类的语言水平要比动物高得多,这也是人类能够演化到与动物完全不同的层次上的根本原因之一,复杂的抽象缘标系统(抽象语言),使得人类的后天传承体系提升到了以抽象传承为主体的系统。

而科学的传承依赖于记载缘媒(符号缘标,如文字)的出现,必定要晚于工程学,因为这种缘媒首先需要发现适合的静态载体(记载物),其次需要语言的记载象元系统——文字[语音象元(拼音文字)或几何象元(图形文字)],还要有记载活动才能实现传播。因此科学本质上是利用记载缘媒传播知识的系统,高度的象复制一致性是其优势,但象与质本身的误差是科学自身所无法抗拒的致命缺陷,这种致命性体现于象误差自身随着传播在时空中的扩散与积累,这种扩散与积累有可能导致整个物种和生存环境遭遇毁灭性灾难。但造成这种灾难的原因并不是科学本身,而是将科学当作信仰,也就是庸俗科学。

文字的特点也决定了学的传承特点。拼音文字的串行特征,符合人类语言交流的单维特征,容易学习,同时也因之体现强烈的"在维"性,也即逻辑性,容易形成缘象分类体系,也就是科学;而图形文字的象形特征符合人类视觉的异维性特征,因此体现强烈的"超维"性,也即因果性,容易形成界象分类体系,也就是技术学和工程学,但这种文字的学习要比拼音文字困难得多。

图形文字更接近于自然的真实,因此东方古典哲学的发展要比西方领先,但逻辑学则相对较弱。古代中国无论在工程方面还是在艺术方面的成就都要高于西方,但科学发展相对落后,传承性差,文字的差异可能也是原因之一。

有足够多的象元才能成象,因此,缘媒中包含象元的多少,决定成象水平。语音本身是象元而不是象,形成一个象(语句)需要传递大量的缘媒,而且语音依赖于人体自身的结构而存在,复制性很差,因此传承性也很差。工程学虽然出现得很早,但由于记载缘媒的局限性,早期始终处于言传身教的状态;只有变成文字才能用象的方式通过单一缘媒进行记载和传播,并且可以复制而使更多的人受教。但从本质上说,文字只能记载最有限的传承部分,且与觉悟间的传递链条很长,关系间接,因此损失和虚伪度都高,人要达成觉悟,由技术学与科学起步而走向工程学是最方便可行的途径。

至于分类,则只有积累足够多的象而形成"异同"认知才可实现,科学最初是在总结大量工程学的传承象之后才得以形成雏形,而后才有主动科学研究的诞生。主动科学研究,是依分类分工的研究,分类本身是工程活动的结果,而不是科学自有的结果,也就是说,分类学属于工程学范畴而不属于科学范畴,科学的产生对工程学的存在有依赖性。

工程本身依靠的是觉悟,但觉悟不可传,因此工程学所传,主要是境界(观点)之象与术(策略与方法);科学本身是知识而不是觉悟,是觉悟者所传之象与识的精炼。科学所传,主要是上承觉悟之识与下启观察之知。

数学和物理学是觉悟,但不是科学,而是哲学;严格意义上说,数学是工程学所形成的术维传承中的精华部分;而物理学本质上是主动重复工程实践(实验、训练)的结果,是工程学所形成的学问传承中的精华部分。把数学和物理学称为科学贬低了他们的价值。

事实上,真正在数学上有建树的数学家首先是工程学家和物理学家,正是他们为解决自己所面对的实践问题而提出了与以往完全不同的数学体系,如阿基米德对于古典数学的贡献、张衡(有限元法)和牛顿对于极限(微积分法)数学的贡献。爱因斯坦对于相对论数学的贡献等。技术学和科学源于工程学,是工程学的传承和进一步的收敛,而不是反过来,但对具体的个体发展来说,由技术学和科学起步而至工程学是捷径[1],三种学问之间也是循环递归的关系。

觉悟是不可传的,自然无大小,觉悟本身并不依赖于科学的出现,

---

[1] 但不是唯一路径。

三千年前甚至更早的哲人的觉悟,可能远超过当今绝大多数甚至所有科学家的觉悟,都不违反自然法则,也不违反已知的逻辑,因为逻辑是觉悟的结果和拟象,而不是觉悟的本因和源头。

当然,如果把哲学本身也算作一科(纯粹的文字游戏)的话,那么工程学家就是科学家,科学家就是工程学家,这只是个对术语的理解问题,但哲学是所有学科的传承之始是毫无疑问的。

由于人类的能力所限,传统的学科缘媒或者是一维(语言和文字)或者是两维(纸张)。

缘标的维度是不可能超出缘媒本身的,因此,传统的学科分类无法超越两维的象,也就是树形结构。但自然不止两维,因此自然的分类本身亦不止两维,由两维的主观分类无法契合多维的自然分类,这是造成分类冲突和学科冲突的根本原因。

在科学门类中,物理学体系研究的主要内容是缘,而数学研究的主要内容是界,其主要目的都在于沉淀规律,其自身的始点都在哲学层中,即在全矩阵之外。

进入全矩阵的分支才是入级学科。也就是说,哲学的超矩阵部分是多学科共有的,在矩阵界上的部分(界层)是分学科的始点。在科学门类中,所有的科都是由已知缘与已知界共同决定的,是物理学与数学的结合体;而工程学门类和技术学门类只能分域,即在矩阵中圈定一个区域,并取科学的惯性余集(即排除科学的惯性延伸集)。

传统的分类法中,学科层级之间是伪包容关系(认为包容,实际不包容),沿时维观察,由当前断面向前运动,会出现包容性冲突,即次级学科的界不再被上级学科的界所包容,甚至可能出现反包容,所有多缘系统都必然地体现这种特征。

尽管没有人喜欢这样,但事实便是如此。界与缘是互因果关系,并且始终处在运动中,这使得界与缘之间的关系不会像我们希望的那样恒久不变。

因此,学科的划分也宜师从自然,随缘而定,随缘而变,只有哲学以"学科之异"的形态存在,不入界,因而不随缘而变。

哲学本身是难以分类的,这是因为分类与分类之间在对象上有所不同,可以是不同的物(区域、界),也可以是不同的性(关系、缘),而哲学研究的对象都是相同的,是自然本身而不是自然中的具体区域或具体事物。因此,哲学只有观不同(观察点、参照系、角度)、层不同(对自然本质的深入度)和道不同(观察策略),并没有本质上的差异性。哲学本身只有两个达(学问)层次和两个术(学术)层次。达与术之间是正交关系,互为因果,术是达者的道传承,达是有术的行结果。

因此,严格意义上说,术不是觉悟,而是觉悟者的足迹与留下的路标,不能与觉悟本身相提并论。但达者必先有术,方可到达无术之境,因此术是达者不能逾越的基础,其中方法论代表有术之境(有前人足迹可循),策略论代表无术之境(无前人足迹可循),非至无术之境,不达人所未达之境(觉本悟来)。因此,方法是道本身(见有术),方法论是选道(识有术),策略论是修道(觉有术),而达为探道(悟生术)。

数学的价值体现在建立了正则术,即识有术和见有术,数学的研究对象是界而不是界内的具体事物,因此是哲学而不是科学,是哲学中的术维度,个人达层次可至悟来层,但学科主体属于觉本层(策略论)。

物理学的研究对象则是缘本身而不是具体事物,因此也是哲学而不是科学,属于哲学中的达维度,个人的达层次和学科主体均可至悟来层(起源论),但学科主体的多数集中于悟质(性)层与觉在层。

有人说数学高于物理学,我认为这是一个误区。数学是达之术(但不是唯一的术),物理学是达之事实(也不是唯一的事实),他们是两个正则维度上的学问,而不是两个层次上的学问。

5.1.5 学科八要

一个学科之所以能够成为学科,是因为其具备引导学者治学而走向觉悟的必要条件。

一个学者走向觉悟,需要资质、愿望、努力、传承、机会五个条件都具备。其中的资质、愿望、努力、机会并不决定于学科本身,只有传承条件决定于学科本身。传承的根本在于道缘,但道缘不是永恒存在的,我们更为关注的是文缘,文缘本质上是道缘的遗传物质,学科八要即是指文缘的基本构成,分别是**原、本、性、质、策、法、准、资**。

觉悟五条件均源于观察原理(5.1.3.1 节)的作用,本质上是缘媒的传递运动所决定的。

其中缘媒的品质最关键,可以分为直接缘媒、观察缘媒、觉悟缘媒与记载缘媒四类。

直接缘媒即直接由被观察对象辐射的缘媒(实证);观察缘媒是接收直接缘媒的成象系统(直映象);觉悟缘媒是通过观察、仿真与修正形成觉悟性认知的系统(策略映象);记载缘媒则是观察缘媒对观察结果或觉悟结果的记述系统(文献,传承映象)。

有人认为与被观察对象关系越近的缘媒品质越好,其实未必如此,因为对象的界始终掩盖着质的真相。多数情况下,尽管我们所接收的是直接缘媒,却都离本质很远,这是因为这些缘媒所携带的象,仅是被观察者主观认为是真,而客观上并非如此。其次是觉悟所依赖的缘媒是出现频率很低甚至从未出现过的,因此缺乏重复性。"信息论"认为信息量与信息频率成反比,因此觉悟缘媒所携带的信息量要比知识层所传递的大得多。

有多种原因导致直接观察的误差,这是由于观察原理 2 的作用:

1)直接缘媒所携带的缘标,至多只表达离界瞬间前的缘质状态,自这一时刻之后对象的状态不可能由缘媒携带,可以认为是时间之界的影响。

2)一个直接缘媒所携带的缘标,与其离界瞬间的界元的关系最近,而不是与对象本质的关系最近,典型实例如盲人摸象之喻,可以认为是空间之界的影响。

3)对象主动辐射的缘媒可能有诈(有意的虚假缘标),可以认为是对象核的影响,因此现代管理学上有两句明言:"不要看说什么,而要看做什么"和"相关方天然不可信"。

4)缘媒到达观察系统之前可能已受到其他事物的影响,并非真正的直接缘媒,佛家把这种现象喻为"镜中花,水中月"。比如水中的游鱼看上去总比其实际位置浅一些,这是水对光线的折射作用所致;在哈哈镜中看到的自己已经变形,这是镜子对光线的反射作用所致;海市蜃楼也是空气折、反射作用所致;日出日没时天空呈橙红色是大气层吸收偏紫光谱的结果,大天体会使光的运动路线发生改变。所以,在没有考虑传播途径的影响时,直接缘媒形成的观察映象也可能是虚假的。

5)不同的直接缘媒携带不同的缘标,比如说,沙金是金矿的直接缘媒,但我们无法从沙金上看到金矿的形态;照片也是金矿的直接

媒,但我们无法从照片上看到金矿的品质,可以认为是缘标片面性的影响;

6)缘媒脱离对象之后,其自身的演化可能使缘标改变,比如金矿砂是金矿的直接缘媒,但沙金却是演化后的结果,我们无法直接从沙金中看到金矿的品质,而必须同时考虑金矿砂的出金率,可以认为是缘媒演化的影响。

观察缘媒只是直接接收直接缘媒而成象,直接缘媒的所有误差都不会在观察缘媒中改变,相反,还要加上观察缘媒本身的结构性误差。比如普通照相机拍摄的照片,是将三维对象以二维形态映射:一是存在维损失;二是存在透视损失(近大远小);三是存在成象畸变(成象点与记录点的自然误差及象与原的非等比例性)。

觉悟缘媒是通过对多种不同视角下接收的不同直接缘媒所呈现的象进行综合,以及对多种不同影响因素进行修正的结果,一方面由有误差的象向无误差的象趋近,另一方面突破对象的界而走向对象的质,实际上在所有缘媒中是与对象本质最接近的缘媒。觉悟缘媒主要以原理、因果和途径方式体现。

但是,觉悟是一种运动成象方式,运动状态本身即是觉悟的一部分。运动状态是依赖于觉悟缘媒本身的,具有唯一性或非复制性,因此只能复制具体运动瞬时所成之象;更重要的是,觉悟缘媒具备超界超缘,甚至超存在的观察能力,这是一般系统所不具备的,所以觉悟不能传承。

记载缘媒本身可以是观察系统的一部分(如摄影胶片),也可以是观察系统或觉悟系统内部成象的复制品。记载缘媒通常具有较好的稳定性,可以长期保存,因此是传承的重要手段。但记载缘媒并非原象,作为观察系统一部分时存在观察误差,作为成象复制品时则存在复制维损失(如三维图像用二维记录)和复制误差。再好的打印机打印出的名画,都可以轻易被识破,因为画家用笔的随意性本身即是原作真实性的一部分,难以模仿,而以规律性为特征的打印机是复制不出随意性来的。

因此可以这样说,"耳听未必是虚,眼见未必是实",在所有缘媒中,觉悟缘媒最接近本质,后面依次是觉悟缘媒的记载缘媒(理论著作)、直接缘媒(自然系统)、直接缘媒的记载缘媒(原始记录)、观察缘媒(实践)、观察缘媒的记载缘媒(观察记录)。

由于上述原因,学科本身的价值体现于觉悟缘媒与记载缘媒,这便是我们所说的道缘与文缘。两者中,道缘是核心与师承之始,是最接近事物本质的,任何文缘都无法替代道缘。

虽然说学有四缘,但本缘与境缘是学者自身具有的,没有选择的可能,而好的道缘可以引导不同本缘与不同境缘的学者,选择最适合他的道路,从而尽可能接近甚至突破其自身的边界。

由于道缘稀缺难得,尤其是达师难得,能获得达师直接指点的学者极为有限,而且无论如何,达师终究是人,生老病死是不可避免的。所以,绝大多数学者难以直接获得高层次道缘,只能通过低层次道缘(蒙师与业师)和文缘而获得指引。在没有遇到高层次道缘的情况下,了解达师的生命足迹(生平)比了解其所见更为重要,因为达师的足迹才是引导后人走向成就的指针,其所见只是策略象。

文缘与道缘的有机结合,才能真正发挥一个学科的作用。文缘是一个庞大的映象系统,建立在有形世界中,可以为更多的学者提供用于识别本质的映象,而道缘则是一个向导系统。文缘传的是象,道缘传的是参,正是道缘把策略象与直映象之间失去的参链条恢复起来。

要构成一个能有效运行的学科,至少应包含三类用于传承的主要文献:理论文献、学术文献和知识文献。

理论文献是关于觉悟的记载,学术文献是关于道与法的记载,知识文献又可分为两个层次:基准(识)层和实例(知)层。

学科八要是针对文缘而提出的,表示一个相对完备的学科一般由八个基本层结构构成,由传承源头开始分别是:**原、本、性、质、策、法、准、资**。

其中:

1) 原、本、性、质、策属学科觉悟层,原与本是超(原觉悟)层,性与质是界(原观察)层,策是术维觉悟。

a) 原即源流,即向上的继承关系,或者是其异观系统,代表了学科存在的必然性与因果,是学科的既得缘属性;

b) 本即界定或定义、定位,即学科在宏观系统中,最能体现其唯一性的属性,也就是界属性;

　　c）性即缘性，表达了学科能够与他学科或具体工程结缘的固有特质，是寻缘属性与价值；

　　d）质即内容或核属性，表达了学科自身存在的因果；

　　e）策即策略论和方法论。

　　2）法是知识层中的法器维：

　　法器维由方法和工具构成，是用于训练技艺的，是学科体系得以运作的关键。传统学科理论认为术维的核心是方法，所以总是以方法定义这个维度，笔者认为这是以虚谋虚的认知，不全面，而应该称之为法器维，即包含了方法（法）与工具（器）。

　　方法是认知的方便传承，工具则是技艺的方便传承，两者本质上都是为了复制前人之"术"以授后人。在行思循环中，法为思半周的传承，器为行半周的传承。

　　实际上技艺本身不属于方法，而属于学之本的"行觉悟"，因此凡有高超技艺的人都具备哲学层次的思维，只是不一定具备形成方法体系的语言能力，但他们可以通过工具来进行传承。

　　通常人们把工具的本质说成人的肢体延伸，笔者认为这并不准确，笔者认为**工具的本质是人的技艺延伸与技艺的记载缘媒**，肢体仅是一种结构，而技艺则是有生命的。

　　作为技艺延伸，工具使人的实践能力提高，方便突破人体自身所不能突破的觉界（如望远镜帮助人们突破宏观界，显微镜帮助人们突破微观界）；

　　作为记载缘媒，工具使未达之人可以获得与已达者相近的技艺（如机器可以降低对人的训练需求）。

　　因此，工具对于实践的重要性同方法对于思维的重要性是相同的，两者具有相同的**传承**本质。

　　3）准与资是知识层中的达维，准为识层，资是知层：

　　准即基准，表达了学科诸内缘的参照系，主要包括分类与内部参照原点、坐标、参照物、参照象等用于比较的基准；

　　资即资源，表达了学科构建的物质基础，主要是事实记载或实例集，如数据等。

　　但是，**一切传承皆为赝品**，器是觉（行）赝品，法是悟（思）赝品，真品是学问（思成就）和技艺（行成就）。学的最终目的不是"法器"而是

"人器",即学问和技艺。

方法和工具是求学的捷径,但其本身也是跨越逻辑之界的包袱,带着他们是见不到本象的,更不用说见本质。所以,**何时弃法器,何时达成就;何时造法器,何时达传承。**

5.2　工程学门类本论

本书的主要目的是为标准质量学作定位,为此,至少需要上溯到其上游系统。

5.2.1　学业门类

本节无意于讨论学业分类之短长,仅是陈述个人观点,欢迎批评指正。

"门"是分类学中仅次于"界"的分类术语。

本质上,笔者认为学业采用类似生物学的"界、门、纲、目、科、属、种"分类是无不可的。不过,既然历史上把学业本身定义为界(学界),那么"门"作为最高一级分类是无不可的。

根据学业的层次,"门"应是哲学觉悟的划分。按照矩阵观和主体观分类法,哲学是阵外观,即观察点不在矩阵中,这使得哲学本身不应依赖具体物质存在方式,如社会学和生物学是不应归于哲学层级的。

笔者认为哲学觉悟可以分为三门两级。

三门是工程学门、技术学门和科学门,其区分的标准是对自然的目的性认知和学业策略倾向上的不同。

对自然是无目的认知的为科学门类,体现规律性特征(正则)。

对自然是有目的认知的为工程学门和技术学门,体现原理性特征(奇则);

但同是奇则,对于具体个体来说体现"伪正则"性,即对具体个体来说,每一瞬时都只能选择一个唯一异参(所有异参的加权矢量和),因此训练学是奇则中的正则。

正则通过变参可以同奇则之间实现转换,因此工程学门、技术学门与科学门之间具有自然的互通性。

两级是"门"和"亚门"。

在科学门中主要有两个亚门：物理亚门（正则学问）与数学亚门（正则学术），两者是正交的。

由于工程学门和技术学门均是奇则，因此可以有更多的亚门（奇则多于正则），如"信息论"、"未来学"、"预测学"等都具有阵外特征，且都体现奇则特征，因此都是工程学的亚门。笔者认为与科学的亚门一样，工程学的亚门和技术学的亚门总可以成对出现（达维与术维正交）。

实务工程学（奇则学问）与标准质量学（奇则学术）即是笔者定义的一对工程学的正交亚门。

"信息论"认为物质的本质就是不确定，信息是不确定性的数学定义（解算界象），笔者同意这种解析，并认为"奇则"即代表不确定或应对不确定的术，因此，奇则代表真正开始接触本质。

5.2.1.1　学业门类的道解析

由于哲学具有继承"境"、"道"而不继承"观"的特点，因此，在哲学层无"科"之分，而只有门与观（亚门）之分。

所谓"门"，即"境"与"道"，"境"是"界"的包容性表达，而"道"则是过界的缘或术表达。

总体上说，过界的方式有两类：一种是"身过"；一种是"觉过"。前者是直接接触得感，后者是仿真成悟。觉过不如身过，但哲学之"门"是不能"身过"之门，只能"觉过"，因为进入觉悟之境是由我们的身体所不可逾越的"本存在"之界隔离的。"觉过"需要先有"觉"的能力，而"觉"则需要足够多的"感"来触发。

因为"觉"是"感"所得的"象"的运动所形成的，没有"感"就无所谓"觉"，因此，形成"感"是成就"觉"的必要条件。所谓门，即是形成的"感"的途径。

一般来说，有四类途径可以形成"感"：

1）一类是实践，亲身感觉不同环境、不同对象所带给我们的感，映射为象，再抽象为性，能够抽象为性即成"觉"；

2）一类是训练，以假目标为参照系，亲身感觉仿真环境、仿真对象所带给我们的感，通过训练形成内部策略降层而形成"觉"；

3）一类是实验，实验是实践法和训练法的特殊形式，是在预知环境与对象的情况下进行的实践活动，这样的实践活动安全性强（因为

界有限,可以采取有效的风险防范措施);

4)一类是演绎,这是完全脱离了实践的途径,属于仿真的一种,依据于逻辑(思维规律),由于没有事实对象,因此安全性最高。

由这四类途径形成三种学术门:

实践类形成工程学门;

训练类形成技术学门;

实验类形成科学(缘媒学)门之物理学亚门,以里程碑的方式体现行的可证达[1];

演绎类形成科学(缘媒学)门之数学亚门,以技的方式体现思的可证达。

技术学门和科学门的对象均具有良好的收敛性(成熟的自然演化系统,即正则,科学为缘正则与象正则,技术学为界正则与质正则),因而可以循继承性分类,由此向下传承,进入存在界(全矩阵)而成科学技术。

但工程学门则不然,工程学术是等观学术,即等观收敛与发散。

技术学术、科学学术本身均没有排斥发散性的存在,这两个门类的高层次学者一直在从发散系统中寻找新的收敛属性而不断推进本门的发展,但其下级学科的研究对象始终是已识别的收敛属性。也就是说,这两个门类是**选择了收敛性**的学术门类,带有**门类主观性**,而在具体的科目中,又对收敛对象(属性)有进一步的选择,带有**科目主观性**。或者说,**科学的"无目的性"所代表的是对非目的对象的主观(有目的)选择,而不是自然本身无目的。**

与之相反,工程学术是直接面对自然环境,是没有选择的,必须面对各种已被识别和未被识别收敛的属性。因此,工程学术是全包容学术,但为了更有效更安全地开展工程实践,其中已识别的收敛属性具备成域成科的条件,转由技术学门(即由未知技艺与工具中发现技艺与工具的收敛)和科学学门研究(即由未知方法和因果中发现方法与因果的收敛),并直接利用技术学与科学的收敛成果,而工程学术本身则更为注重未被识别的部分。

---

[1] "可证达"即表明其"达"是"伪达",因为可证表明不是本象,更不可能是本质,本质与本象都是无证的。

　　在权重观上,科学门类以发生频率作为定义权重的根据;技术学门类以既有技艺作为定义权重的根据;工程学门类以在目标系统生存因果中的关键度作为定义权重的根据。

　　关键度是随余度而改变的,同一系统,余度越大,关键度越低,对系统生存的影响越小,越安全,因此,科学门类的权重与工程学门类的权重之间恰恰存在反比例关系。

　　所以,总体而论,工程学术的主体在哲学层而不在学科层,即便有一部分传承至学科层,也主要集中于法器维,并处于模糊(欠收敛)状态,这是一种待转移状态,一旦达到足够的收敛水平(清晰边界,独立缘性),即可形成科而转移至技术学门与科学门中。

　　也可以这样理解,技术学门与科学门是工程学门的"精品区",一切在工程学术中成形的可识别属性,均可移入这两门中做进一步收敛精化。

　　道解析是过程解析,从这个角度观察,工程学、技术学和科学的共同的目的都是希望收敛。从收敛过程上观察,工程学门主要解决前期收敛问题,技术学门主要解决中期收敛问题,科学主要解决后期收敛问题。

　　工程学研究以"发散"或"不可接受收敛"为始界,以"可接受"收敛为终界;技术学研究和科学研究则以"可见收敛"为始界,以"可达收敛(有理,技术学)"或"零(无理,科学)"为终界。三者共同完成一个由"完全发散"到"完全收敛"的过程,相互之间存在互生区间,这个区间由"可见收敛"到"可接受收敛",这个区间既是三个学术门的结缘区,又是冲突区。

　　要解决这个区域中的冲突,需要区分他们在目的与方法上的本质差异。工程学和技术学的目的都是"达成收敛事实",科学的目的是"证实收敛事实(物理学)"和"确定收敛参照(数学)"。因此在过程上,工程与技术采用"界约束法"、"界选择法"、"缘引动法"或"界缘复合法",主要实践活动是建立界(外约束)或核(内引力);科学采用"缘引动法(物理学)"和"逆成象法(数学)",主要实践活动是观察缘运动(物理学)和确定本参(数学)。

　　所谓**界约束法**,是通过以已知收敛的物质累积来建立物理界,以便使未收敛的物质运动被约束其中而实现收敛或诱发收敛。如人造金刚石,就是通过挤压模具对石墨形成高压约束,再辅以触媒和高温而诱发得缘运动(形成正四面体晶格);机械行业的成型加工工艺(如铸造)也属于界约束法。

所谓**界选择法**,则是通过物理界的选择效应(缘性)将不符合收敛目的的物质排斥于界之外而形成收敛。如机械加工法、筛选过滤法、考核淘汰法等。

所谓**缘引动法**,是利用不同对象的不同缘性,利用已知缘性的物质进行引动收敛的方法。如萃取法、分馏法、置换法等,都是缘引动法。工程学与物理学都采用缘引动法,但目的和方向有差异。工程学采用这些方法来收敛成界(工程的本界),而物理学采用这些方法来观察缘运动;工程学通常采用多缘同时引动以避免界收敛不充分(分离不彻底)和提高综合引动效能,物理学则通常采用多缘分别引动以避免缘性间的干扰所造成的测量不确定性。在缘引动问题上,物理学领域存在一个隐性的**缘效应独立假定**,即认为不同缘性间存在函数连续性,单缘效应之间可以通过函数关系构成多缘函数。但事实上这种假定常是不成立的,现实世界中一对多、多对一和多对多的缘关系普遍存在,这种复杂性表现为**密码效应**,即解决具体问题的方法常常是多缘性定参、定位、定量组合(密码、方剂),这种组合非常有限,不符合函数规律。对于密码效应有很多方法学方面的研究,但对于因果和本质却少有研究。笔者认为密码效应是界缘效应的综合体现,是自然界最本源的效应。因此,工程学采用的多缘引动法有着重要的现实意义。

所谓**"界缘复合法"**,是工程学特有的方法,即先定始界为基本约束,进行增密收敛到近饱和及过饱和态,再通过投入原核或扰动成核的策略实现自组织。比如原料制备,多晶材料通常采用过饱和扰动的方式,而单晶材料则采用维持临界饱和并投入单一原核的方法。此外,如人工降雨则是采用过临界饱和并投入多原核的方法。

所谓**逆成象法**,是由既有界象利用假定的缘运动进行规律性延伸,从而进行核定位的方法,也就是说,利用历史的界观察数据建立时维剖面,并向内延伸成象的逻辑方法。

数学界一直在追求点成象,也就是企图通过这类方法寻找到一个绝对缘祖(@),即收敛的意识终点,我们通常把这个点叫"心",如重心、质心、中心,等等。

　　《自主论》认为,这个终点只是意识的终点,并不具备事实意义。一方面,界不可身入,身入则界变,界变则质象皆变,"心"已经不是原来的"心",找到他也不符合原来的目的;另一方面,这个"心"本来也不属于本存在,因为逆成象法基于零物质假定,而这个假定是不符合物质本质的;第三个方面,物理效应均衡并不符合几何"心",而是由几何心、物理界和有缘系统共同决定的,有关这个问题请参阅《自主论》。核并不具备零特征,逆成象法所形成的核象是假象。对于外部观察系统来说,与外界发生直接作用的是界而不是核,因此"核象"的真假并不影响工程的结果,"核质"的真假才影响工程的结果。法元@代表时空,是本存在的悖论,因此,求"心"在工程上只是为了建立更方便的参照系以寻求更简便的方法,而不是为了用于工程实现。

　　不仅如此,任意一个系统的收敛均有非零终界,存在**收敛悖论,**收敛悖论比微观界本身还要大,现实意义是物质系统收敛到这个界之前,随时可能发生无预兆的猝死,而越界的物质系统其缘质和缘性都已改变,不再具有原来的效应。

　　比较典型的实例是现代纳米材料。纳米材料与普通材料的微观基础并无不同,但所表现出的效应(缘性)却完全不同,这种不同产生的根本原因就是边界效应(边界的非均衡性导致的物理活性,微观收敛悖论)。再如有限元理论实际上是"真有限"的,因为他不能按划元微元的数学规则无限分割下去,当微元接近于对象的微观基础时,将产生临界效应,计算的结果将是不可信的。

　　此外,对于一个宏观系统来说,微观系统的本参运动远比求零对生存有利,也就是采用界本参比采用核本参更符合自然特质,更安全也更容易达成目的,因为界本参才是自然参系统的本质。

　　见图31。图中显示的是一种弹性支承结构,由多个小气囊组成支承主体。如果我们把所有小气囊都按图31(a)固定在底座上(核本参方式),当其中的一些小气囊因偶然因素破裂时,相邻的小气囊会比其他小气囊承担更多的载荷而形成应力集中,使小气囊由最初的破坏点向周围传递而形成"拉链效应[1]"式的破坏,这便是核本参系统所带

―――――――――――――

　　〔1〕　好像拉链一样,当一个微观局部被突破,相邻微观局部的环境便恶化了,使界微观产生链锁破坏。

来的问题。

相反,如果按图31(b)的方式设计,不去固定这些小气囊,而只用边界约束他们的运动范围,在界内任由他们在底座与上支承物之间自由运动(界本参方式),他们会自动保持均衡的压力状态,其中一些偶然破裂了,很快其他小气囊就会自动运动而找到新的平衡,应力集中不会过度扩大。这便是界本参系统,是工程学中模块化策略的价值所在。

在管理学上,一切以零为界的管理学原则(如零偏差)都是核本参系统,都存在演化危机(见《自主论》),采用这种原则的真实管理体系,在离收敛或发散悖论尚远的时候(经验期)危险性并不明显,但收敛性却很明显,因而给管理者以经验的假象(认为可以收敛为零);当收敛到一定水平(近界)时,可能产生爆发性灾难(连锁反应),这种爆发性灾难可能毫无预兆,因为临界区可能很窄,在我们尚未意识到之前,或者来不及采取措施时危险就已经发生了。

连锁反应并不意味着到达临界值必然发生反应,因为连锁反应需要有一个诱因为始,在物理学上体现为"初始结核(原核)",在社会学上体现为"示范效应"。也就是说,连锁反应一般是先出现"过饱和",而后由诱因触发。比如一瓶水在冰箱中降温到 -6 — -3 ℃ 左右时,在相当长的时间内是不会结冰的,称为"过冷水",但如果此时给这个系统一个扰动,水就会迅速凝结成冰,这是由于扰动诱发了一个初始结核的形成。再比如排雷作业,人和人之间应保持一定的距离,因为雷区的雷之间可能存在关联性,一旦进入的人多,某个笨蛋引爆了其中一颗雷,排雷专家也一齐被炸死了。

正是因为"过饱和"现象的普遍存在,更让一些心存侥幸的管理者停留在过饱和区而不肯离开,等到诱因出现之时,一切已经为时过晚。

东方古典哲学早就对零收敛问题有所觉察。中国自古有"天道忌全"[1]之说,佛家则有"有我无我都是执著"的说法。因此,以实践为主体的工程学需要对收敛悖论和发散悖论高度重视,在宏观上应避免走入"零"的陷阱,而在微观上,则注意发现破界之道,因为"收敛悖论"不仅有"灭"的意义,也有"新生"的意义在其中。当少量训练有素的微观个体进入临界区时,由于没有更多的个体进入而达不到过饱和

---

[1] 本质上就是非完备原理。

浓度,因此虽对个体有风险,但不会发生连锁反应或二次灾难,存在安全破界的可能(风险对具体个体不是灾难,对宏观系统才是灾难)。

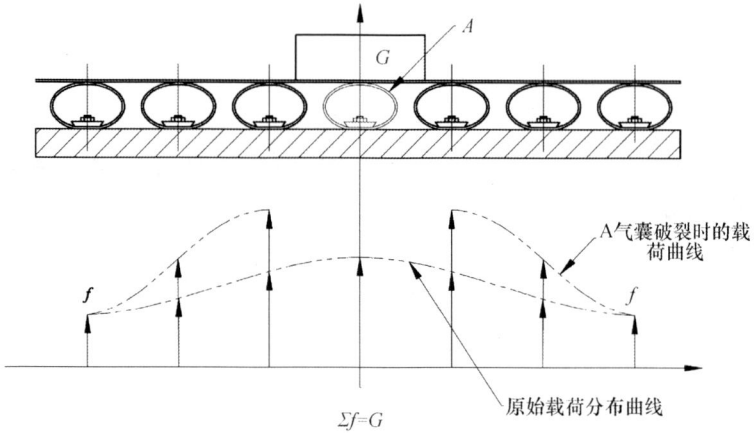

(a)核本参系统

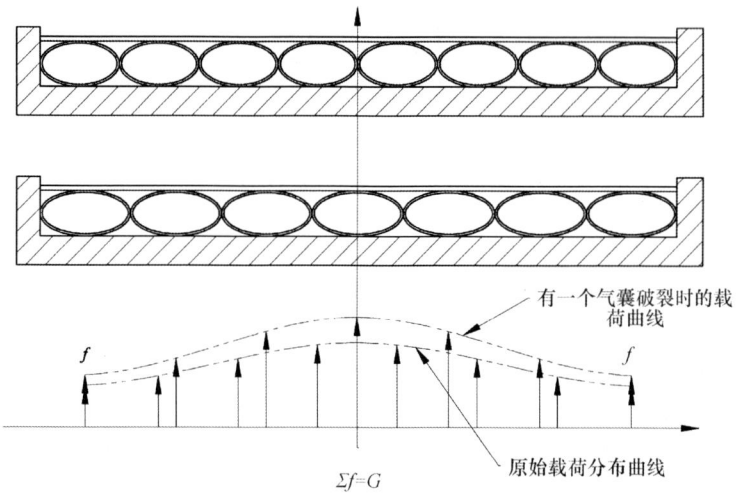

(b)界本参系统

图31　核本参与界本参示例

　　整个人类技术的发展,总体上看都是在不断突破微观之界,每一次破界,都会引起一场新技术革命和新工程革命。

5.2.1.2 学业门类的向解析

科学界的很多人认为,物质的运行具有规律性,这意味着其运行并不决定于其自身的目的,而是随机演化后由环境目的选择,因此微观系统的演化是随机的和无目的的,随宏观系统的演化而行。这种认知引导了一种思维趋向,即不断向宏观运动而形成思维惯性。逻辑是思维规律,恰恰是这种认知的体现。

但是,近年来系统论领域的研究却发现,在已发现的系统中,绝大多数系统的演化都是有目的的,即使其所处环境没有对其进行选择,其本身的演化也有一定的方向性,呈现出自觉性或预先的计划性,这是与无目的认知相矛盾的。

究竟如何理解自然系统演化的有目的与无目的,是学术门类的另一种划分原则,而且,与道解析相比,向(目的)解析是道解析之因,更为接近本质。

工程学门和技术学门对系统演化是有目的理解,这种理解基于对存在的自主性认知。系统在演化的初期呈现随机性(寻缘状态是失参[1]状态),在成长期呈现规律性(得缘状态是得异参状态),在成熟期则再次呈现随机性(惯性是真本参状态)。但无论异参的得与失,都不影响本参[2]的存在,因而系统既生,目的已在。寻缘的目的在于得缘,缘尽之后再寻新缘。无目的认知只是一种观察假象,这源于只有得缘状态才能形成显性的观察象(见原理3),而寻缘状态不能形成观察象,因而使没有达到觉悟水平的观察系统无法察觉寻缘本身的目的性,这种目的性就是由失参到异参(成长),再由异参到本参(传承与新生)。本参构成内缘演化的有向性,内缘演化对异体始终体现随机性,而异参构成外缘演化的有向性,对异体体现趋近性。内缘演化的目的性,决定了外缘演化的目的非零,也即收敛有极限(边界),这个极限即是收敛悖论。

因此,关于目的性的理解,是形成不同的学业门类的根本原因:工程学门和技术学门基于有目的认知,但工程学门等观随机性(寻缘)与规律性(得缘),重点关注随机性(工程实践本身即是由寻缘到得缘的

---

[1] 找不到异参。
[2] 以本为参照系。

过程);技术学门认为随机性在微观上体现规律性(内缘),因此重点关注随机性中的收敛过程(导缘);而科学门在根本上基于无目的认知,因此选择了规律性(得缘)作为研究对象。

有目的认知本身包容了无目的(异参)现象,因此,技术学门与科学门严格意义上说都是工程学门中的正则(异参)部分或正则子门类,人类的全部学业总和,本质上就是工程学。但是,为了充分利用人类的学术积累,让工程学家集中精力于一务,笔者认为把工程学门定义为学业总集与正则学业的余集,也就是奇则(非规律)学业未尝不可。以泛集理论解读,工程学体现本泛集特征,技术学体现类时空特征,科学则体现物质特征;但在表达方式上则正相反,工程学以物质表达,技术学以类时空表达,科学却以时空表达。因此三种门类之间始终是你中有我,我中有你,相互交流,相互促进的。

5.2.2　学业价值观

有句名言叫**分类产生价值**,笔者认为这是一个术语误区。

分与合是相对的,分即是合,合即是分,分与合都产生价值,但产生[1]的是不同形态的价值。

在自然存在中,界与缘是相交的。分界则是合缘,分缘则是合界。因此,分与合是等价的,其本质是"奇化转移",即由均衡走向不均衡。奇正本身也是相对的,正则对于整体来说是奇化(非均衡化),奇则对于整体来说是正化(均衡化)。当我们等观奇正时,便会发现分合与奇正都不是绝对的。因此,价值既不在分合,亦不在奇正,而在于互参运动与对位(得缘)。

缘价值是超界价值,具有缘内发散的无限性,即一缘无穷界(每一个缘都代表着对无穷多个界的穿越);界价值是超缘价值,具有界内收敛的无限性,即一界无穷缘(每一个界都代表着对无穷多个缘的穿越)。两种无限性共同构成学业的无限性。

缘价值因界而可知可识利交流,界价值因缘而可觉可悟利生存,在任一存在中,两种价值均不可或缺。

---

〔1〕　进一步地说,笔者认为任何活动都不产生价值,价值是动量的表现形式,是不生不灭的,只能发现,不能创造。

科学门是既有学,是将既识本质(物质性集)向学业三维分解精化的学问,是由事物的界价值向缘价值转移的学问,即分缘合界奇化,这种奇化,使更多的系统(界)获得相同的缘,因此,科学门的根本价值是训练悟性和传播知识。

技术学门也是既有学,是将既识本质(物质性集)向对象界分解精化的学问,是由事物的缘价值向界价值转移的学问,即分界合缘奇化,这种奇化,使更多的属性(缘)获得相同的界,因此,技术学门的根本价值是训练觉性和传播工具。

工程学门是未有学,是由未识(类时空)中分离识(物质性集)的学问,是创生新科学和新技术学的学问,是沟通事物的界缘价值的学问,因此,工程学门的根本价值是觉悟生存。

技术学、科学与工程学是在整个学业循环中的三维正交运动而不是对立运动,技术学和科学以实(证据)务虚(觉悟),工程学以虚(觉悟)务实(实践),三者合而成学业整体。

虚中务虚则伪,实中务实则危。一味引经据典同欺骗没有太大的差别,因为欠觉;一味强调经验也同自杀没有差别,因为不悟。技术学和科学工作者无工程思维不能成技术学家和科学家,工程参与者无技术学和科学思维不能成工程学家。因此,工程学家、技术学家和科学家同达(觉悟)不同道(术),三者没有本质上的差别。

起源论基于逻辑论,逻辑是思维规律,因此所形成的学术观是本观学术观。在这种观察基础下,物质只有由生到灭的单向运动,这种情况下,随机性只会给学者们带来思维上的困扰,而不会带来解决问题的策略与方法。如果不能跳出平直逻辑的圈子,就找不到实践的定位。

而生灭循环论基于因果论,因果是自然法则,因此所形成的学术观是异观学术观。在这种观察基础下,物质由生到灭的单向运动,只是生灭循环中的一个具体类时空中的一个瞬间,随机性不会给学者们带来思维困扰,却是发现解决问题途径的机会。站在异观视角上观察生灭循环,将会发现实践在整个学术中的关键性地位和本源地位。

图32显示了物质生灭循环系统,它是由两个瞬间(点)和两个阶段构成的。在这个系统中,循环是有向的。以物质形态的存在是生存阶段或得缘阶段,方向是由生到灭;以类时空形态的存在是灭亡阶段

或寻缘阶段,方向是由灭到生,这个方向即存在的目的性或宏观的目的性。

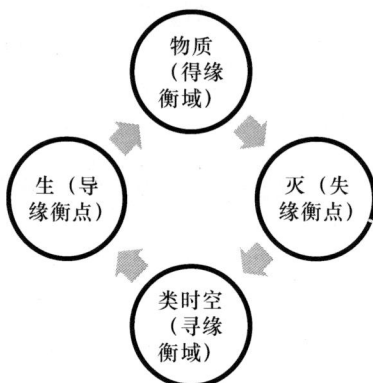

图32 物质生灭循环

这个循环是在两个界之间发生的,物质形态的界是宏观界,类时空形态的界是微观界,分别体现为发散悖论和收敛悖论。而生与灭之所以体现瞬时的特征,就是因为生与灭是在两个界之间的级跃,而物质与类时空两种阶段性状态同样存在不定性,物质阶段有可能向外超越宏观界而成为超宏观物质系统的一部分,而类时空阶段也同样有可能向内超越微观界而成为更微观的类时空。

这样的循环在不同的物质层级上被复制,每一次循环都是一个实践过程,实践的主体是循环圈所涉及界中的全部存在。工程本身即是实践,即是生灭循环的全过程(对其微观)或局部(对其自身)。而人类的学业,则是人类作为观察系统时生灭循环及其局部的观察过程、识别过程及觉悟过程,以及这些过程的记载缘媒,是基于人类整个实践活动的一类具体活动(传承)。

严格意义上说,实践的对象是生灭循环圈中的全部存在,既包括物质,也包括类时空,甚至还包括时空;实验也是一种实践,是局部的和重复性实践,其对象则限于物质形态的存在,也就是生半周;逻辑的对象则是循环中所无法逾越的各阶段间的序位关系或包容性关系。

尽管逻辑学总是希望自己能够无限延伸到循环圈的其他部分,但对于必然性(正则)的主观追求(学术目的),使其对研究对象有很强的选择性,这种选择性使逻辑学有意规避了非物质存在,因而具有在生(以生为始界,以灭为终界,逻辑在其中)在维(多择一)的局限性。

目前为止,对于工程是什么有多种理解,莫衷一是,但多数人都同意"实践"是其本质特性。笔者个人认为从生灭循环的角度去理解工程更接近自然的本质。在这种认知下形成广义工程定义和狭义工程定义。

【定义38】 广义工程即实践本身,是整个生灭循环系统的全部运动。

【定义39】 狭义工程即目的性活动,是一个完整的生灭循环系统中的向生运动。

这两个定义的差异性在于,广义工程自身没有方向性约定,而是包容全部可能的运动,总体运动方向上符合图33的自然流动,流动的总动量是一个常数,符合动量守恒定律。

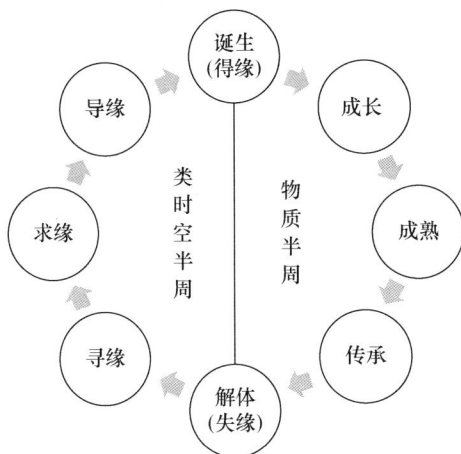

图33 生灭循环

而狭义工程是有方向性约定的,在类时空阶段,工程的目的性与生灭循环方向相同,在物质阶段则方向相反。但是在物质阶段,向生运动只能通过排斥更多的向灭系统才能实现,因此,向生系统会越来越弱(系统总动量越来越少),最终仍归于灭。但广义工程系统的循环动量不会改变,向生系统排斥向灭系统,改变了类时空的均衡性,给新系统的诞生增加了机会。向生系统在自然演化中具有重要的作用,他使生灭循环不体现正弦波特征,而是体现近似矩形波的特征(生灭是前后两个级跃点,物质与类时空是两个平缓段),正是这种特征的广泛性,给宏观物质系统的形成创造了时间条件。

在整个自然系统中,物质存在的自主性使得随机性为主体,在客观上使类时空(奇则,离散)所占的比重远大于物质(正则,聚合),但是,物质系统向生的目的性,又使生灭循环具有令类时空阶段缩短(同向加速)、物质阶段延长(逆向阻扼)的趋向。这种相逆的趋向所形成的结果,是物种的单体寿命不断延长,但物种所包容的微观物质(总质量)在整个系统中所占的比重却不断减少。这种减少可以有两种表达,一种是系统规模(单体质量)变大,数量变少,即垄断化;另一种是系统规模(单体质量)变小,但数量增加,即离散化。但质量与数量的乘积总是变小的。当这种变化达到一定的程度(数量减少到一个不确定边界或规模减小到一个不确定逻辑),这个物种将会灭亡,而代之以新的物种。新的物种将比原物种具有更强的缘包容性。

逻辑学只看到了广义工程中物质运动向灭的本质和作用,而没有看到狭义工程向生的本质和作用,更没有看到类时空的随机性(奇则)正是新事物诞生的根本原因。因此,严格意义上说,逻辑学是向灭学术,而工程学是向生学术。工程,特别是以创新为目的的工程,需要首先超越逻辑学所形成的思维界限及思维惯性,以完全不同的思维模式来组织和运作,否则难以获得好的结果。

5.2.3　工程学本体

对应于广义工程和狭义工程,可以形成工程学门的广义和狭义定义:

【定义 40】　广义工程学即学业全集。

【定义 41】　狭义工程学门是广义工程学排除技术学门和科学门的余集。

我们在后面所采用的都是狭义工程学的门定义。根据这个定义,工程学门与技术学门和科学门是相异的,工程学门包容(不含)技术学门和科学,即:

$$学业全集 \ni [工程学门 \nni [技术学门 \propto] 科学门]] \qquad (21)$$

这种相异性可以有多种体现,表 3 仅取其中比较本源的几种特性。

表3　学业门类特征

属性	工程学门	技术学门	科学门	
	工程学诸亚门	技术学诸亚门	物理学亚门	数学亚门
存在观	有目的		无目的	
方向观	包容,不可逆为主		可逆	包容,可逆为主
时维特性	全时维,未来为主	当前	当前	过去
矩阵特性	全矩阵(质性论)	时断面(内缘论)	时断面(属性论)	逻辑断面(传承)
对象	存在	存在	物质	类时空
学缘主体	道缘	道缘	文缘	文缘
学术	实践	训练	实验	演绎(仿真)
学术	包容,奇则为主	奇中正	正则	正则
文缘主体	质性论和策略论	策略论和方法论	质性论	策略论和方法论
分类法	矩阵观分类	单祖分类走向主体观分类	缘象分类走向主体观分类	界象分类走向主体观分类
有限性	无限缘质有限缘界	有限缘质有限缘界	无限缘界有限缘质	缘规律性
传承	虚象虚道	实器实道	实象	实道

三门有着不同的传承方式。

科学门基本上是单道缘系统(单祖分类),即以一个宗师的技艺或理论为基础向下传承,根本学业目的在于精细化(分),传承诸节点均不会脱离这个师承,只是在完善宗师建立的体系,因此具有清晰的传承线路,具有形成分科的自然基础。在标准质量学体系中,科学是**前质量学阶段**。

而工程学门和技术学门基本上是多道缘系统,技术学通常是绳式或网络系统,而工程学门则是类时空,两者的根本学业目的都在于整合化(分界合缘)。工程学术和技术学术对个人觉悟的依赖性极强,形成这种觉悟性,需要在不同的阶段、不同的环境接受不同的师承,因此难以形成清晰的传承线路供学者复制,不具有形成分科的自然基础。在标准质量学体系中,技术学是**后质量学阶段**。

所以,工程学和技术学分层(觉悟层级)、分域(领域,道缘网络,绳式或网式系统)而不是分科,工程学的学业成就主要存在于哲学层而不是学科层,整个工程学门基本上不脱离哲学界。因此,工程学门的文缘即使采用"学"的名称,一般也属于"论",如"未来学"、"预测学"、"生命学"、"遗传学"、"教育学"、"行为学"、"法学"等,都是工程学门类中的"论"而不是"学"。但技术学却可以脱离哲学层以域的方式进行传承,所传承的主要是法(训练法)与器(实物工具)。

以"科"的方式进行传承,很难培养出符合目的的工程人才和技术人才,反而可能成为工程实践的障碍(思维惯性)。

域与科有着很大的不同,科是树状结构,域是网状(绳状)结构;科是单传承系统,域是多传承系统;科有主观选择性和剪裁性,域无主观选择性和剪裁性;科呈现分离特征,域则呈现整合特征。

因此,严格意义上说,技术学称为域学更合理。

域是界的一种表达方式,按域的划分原则可以保证系统的质独立性(域连续性),因此,技术学门向下分解的极限都是已知最小物质(保证系统整体性)而不是物理属性。而科则是属性分解,是打破物质独立性的分类方法,向下分解的极限是单一属性。

如果做一个形象的比喻:科如同亲子关系,是先天的,具有很强的必然性和永久性;而域如同婚姻关系,是后天的,具有很强的随机性和动态性。如果把哲学层的传承作为 DNA,那么科学是不断向基因分解,但 DNA 始终不变;而域学的每一次传承不仅会增加新的基因,还同时淘汰旧的基因,呈现新陈代谢的特征,因此经历多代传承后,可能已经面目皆非。科系统像一块金属,放多久都还是它;域系统更像一个橡木桶,装进去的时候是葡萄汁,经历一段时间之后,倒出来的却是葡萄酒。

科具有家族性,传承体现微分性,演化体现突变性,一旦其始传承出现问题,相关的科将面临生存问题;而域则呈现社会性,传承体现积分性,演化体现渐变性,其任意一个始传承出现问题,都不会影响域的生存。

可以再做一个比喻:域犹如国家,科犹如河流。一条河流可以贯穿多个国家,但源头毁则流域毁;一个国家可以有多条河流通过,它不独占一条河流,但一流毁亦不至毁国。

技术学与科学即是这样的关系,技术学为域主,犹国之君;科学为流主,犹河之王。二者互为主宾,互通有无。

技术学与科学都以哲学层为师。技术学以达维为主师,术维为客师;科学则以术维为主师,达维为客师。

因此,笔者认为在学科层上也应以矩阵观或主体观方式去看待。

技术学是物质对象,在缘关系与物理学分界,在界关系与数学分界。

而工程学从根本上是诱导演化,也就是改造界与核的学问,科学是工程学的基本库存,但工程学的资源并不局限于基本库存,更多的是直接取自环境,"因地制宜"和"就地取材"才是工程学的特点。相比之下,技术学与工程学的关系的确更接近。

5.2.4 价值关系

学门之间的价值关系主要体现在全矩阵中的未来部分。

科学的惯性集(由当前按历史规律向未来延伸)对工程学有重要的"便捷"与"保全"意义,它是作为工程实践的"方便道"和"阶段性防灾界"而存在的,是工程实践节省成本和避免"冒失致祸"的重要手段,但不是工程不可逾越的"壁垒"。

技术学的惯性集则是工程工具与原材料,对工程学来说是"车辆"和"原核",是凝结为工程的微观始点。

我们可以做一个形象的比喻,工程学就像在盖一座大楼,科学即是脚手架,建脚手架的目的是为了方便施工和保障安全,大楼建成之后,脚手架终究是要拆除的。

而技术学就像工程车辆、升降机和钢筋、水泥,工程最终是由技术凝结起来的,大楼建成之后,除了升降机和车辆之外的所有技术都保留在大楼中。

工程实践利用科学知识所构成的缘界把工程域所包含的类时空分割成大量微观域,并对这些域内的实践活动形成风险防范性的约束,技术在这些微观域中诞生并向界膨胀,**远界则疾**(信与真),**近界则探**(疑与伪),**识界则破**(见真去伪)。

1)新工程系统是不会诞生于科学界上的,但可以诞生于技术界上,因为科学是"尸体",是"即灭",是工程学的墓地;技术是"生者",是"未灭",新工程只会诞生于类时空(技术)中,是胚胎,是"创生"。

2)在离界尚远时,工程实践是相对安全的,科学没有必要对其施加什么影响,工程完全可以依经验而行,这便是远界则疾的道理所在。

3)在近界或临界区,经验的惯性会给工程带来风险,应该放缓脚步,认真观察实践系统与界的关系特性,以防发生灾难,这便是近界则探的道理所在。

4）当对不同微观工程之间的关系清晰后,界便可以拆除,以利于不同微观工程之间的会师,这便是识界则破的道理所在。

实际上,机会(同化缘)与风险(异化缘)具有相同的本质(不确定),可能向有利的方向发展,也可能向不利的方向发展。科学的惯性集就像一道道防火墙,避免实践系统发生无法控制的连锁反应灾害(爆发性异化得缘),一旦对机会和风险的因果认知变得清晰,原来的防火墙不仅失去存在的必要,还可能成为工程的障碍,此时即可逐步拆除这些界而将所有微观工程连接为一个整体。新的微观工程本身则构成新界(新的科学知识)的一部分。

这种以既有科学为始界,由既有技术(类时空)中诞生新系统,并不断更新科学界的过程学,才是符合人类根本目的的策略学,工程学家即是工程的催生专家与策略专家。

科学家负责修道修界;技术专家(远界)是实施者,专心于微观创生(原核)和向界的扩张;质量专家(近界)专注于发现内缘性风险(特别是连锁反应风险);标准化专家(在界)负责勘界、探界、移界与破界。四类专家在工程中都有自己的位置与价值。

一些实践者常常被指责"违背科学规律",多数情况下指的是部分实践者忽视科学的"便道"和"防火墙"本质而主观冒进,但其中一些指责本身也带有对科学规律的"壁垒化"偏见。只要清楚工程学、技术学与科学之间的这种阶段性关系,工程就会是安全的工程,技术学和科学也将是有价值的技术学和科学。

没有人愿意在成长途中半路夭折,同样也没有人愿意在成长途中遇到人为障碍。"墙"对于工程来说既是安全的保证,又是行动的障碍,而生存的本质目的是安全而不是障碍,因此,**修墙的根本目的是为了最终拆掉它**,拆墙的时机是**"技已达成"**[1]。

---

〔1〕 即技术所达已经可以直接面对风险。

6 总结、回顾与展望

本书主要从哲学的角度论述了标准质量学的学科源头,并提出了标准质量学的原模型。

6.1 学科溯源

本书以哲学观点《自主论》为始,通过原观察原理所呈现的学科原理,界定了工程学、技术学与科学三个大的哲学门类,在这个总界定下,定位了标准质量学。标准质量学的研究对象是不依赖于具体实体形态的一般系统,这一特点,决定了其属于哲学范畴。

标准质量学的总体关系如下图所示:

图中对工程学门仅列出了标准质量学与实务工程学,而未列出其他学科,实际上,凡与未来、实践、机会、演化等相关的学科均应属工程学门类,如信息论、未来学、预测学、遗传学、医学、法学等。

6.2 标准质量学原模型

在第 2 章中,用泛集符号建立了标准质量递归的原觉模型与原悟模型。

所建立的原觉模型是:

$$A_T \Rrightarrow Q_T \bowtie S_T = (q[S_{T-m}]) \bowtie (s[Q_{T-n}])$$

所建立的原悟模型是:

$$A_T \Rrightarrow Q_T \bowtie S_T = (q[mm_{T-m}, f_S\{S_{T-m-}\}])$$
$$\bowtie (s[f_B[b[f_Q[Q_{T-n-k-}]]], mu_{T-k}])$$

在这一部分中,把质量细分为六种:

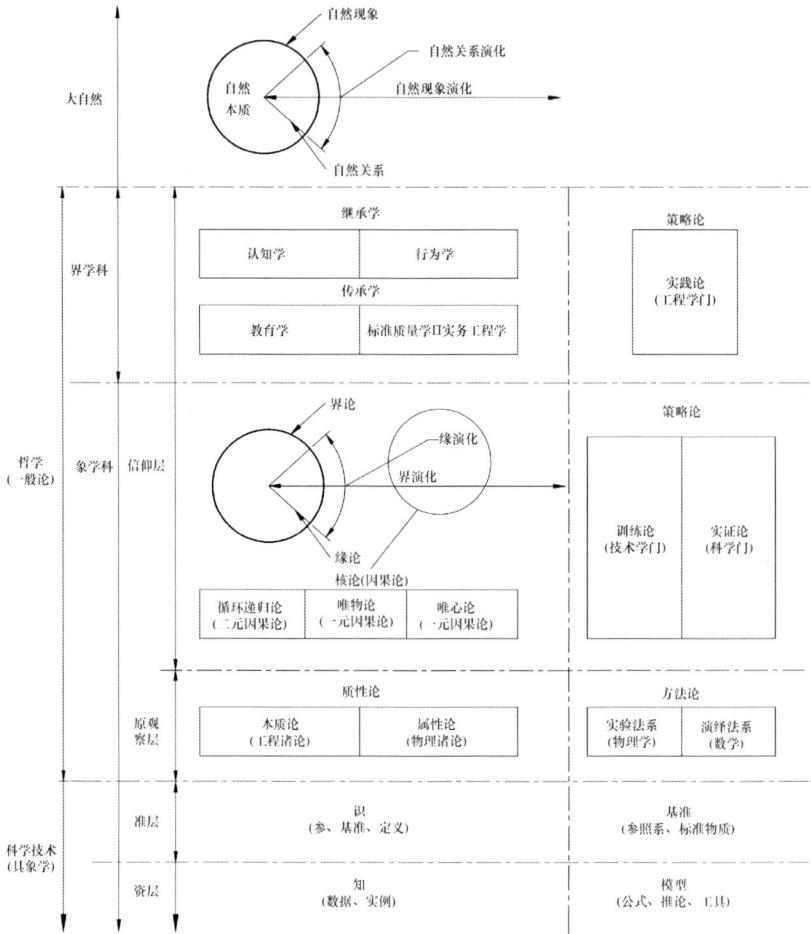

1）主观质量,具有象本质;

2）事实质量,事实质量是本质质量;

3）宣称质量,具有象本质;

4）实测质量,具有象本质;

5）信任质量,具有象本质;

6）应用质量,应用质量也是本质质量。

把标准的概念扩充为两个层次:

1）本质标准:代表了标准活动的根本目的和对象本有的收敛缘界;

2）标准缘媒：本质标准的显性表达或缘媒表达。

把标准缘媒分为两类：

1）标准法，即传统标准的概念，以其所含的对象缘标发生作用，是有标缘媒和"以象为法"的形式；

2）标准器，即一切以工具方式体现的标准，如标准物质、标准工具、标准设备和标准器材等，以其自身的缘媒缘标发生作用，主要是零标缘媒和"以身为法"的形式。

6.3 标准质量递归策略

由原悟模型，得出了"观质量，抓标准"的总体策略结论，得出了标准质量的"信任"解。

提出"标准器才是标准质量循环中标准的根本价值所在"的观点。

6.4 展   望

标准质量递归的泛集模型，仅仅是给出了标准质量递归的策略学表述，但离形成真正意义上的方法学体系还差得很远。而且，泛集是一个集可集性、可变性与可函性为一体的综合表达方式，要把集论、数论与逻辑论的运算集成到一个运算系统中是非常困难的。

目前为止，笔者认为有可能通过神经网络和仿真来解决运算问题。一旦这种运算成为现实，即可以扩展为多缘标准质量递归运算，因而可以用较少的实物投入与人力资源投入来进行大型宏观工程的标准质量策划。但无论什么样的策略系统，都不可能代替实践与观察发现。标准质量系统的从业人员，仍需一步一个脚印地工作。让我们共同努力，把标准质量实践与研究带入一个新的境界中。